实验性工业设计系列教材

产品与休闲·文化传播与形态语意设计

章俊杰 编著

中国建筑工业出版社

图书在版编目（CIP）数据

产品与休闲·文化传播与形态语意设计/章俊杰编著.
北京：中国建筑工业出版社，2014.7
实验性工业设计系列教材
ISBN 978-7-112-17085-2

Ⅰ.①产… Ⅱ.①章… Ⅲ.①工业设计–教材
Ⅳ.①TB47

中国版本图书馆 CIP 数据核字（2014）第 155490 号

　　产品设计语意学是工业产品设计的重要研究方向，也是工业设计教学中的经典课程之一。这门课程研究虽然基础，但是从头脑理解到动手实践的课程。在这门课程中，牵涉到造型知识；牵涉到人的心理学知识，牵涉到人的感官和情感原理，牵涉到社会传播和文化理论知识。书内用一百多个设计案例，让读者在设计界最为优秀的真实案例的引导中获取对于理论的理解。书中研究的七种设计方法是实践的结论，有待读者们细细品味、探索。

　　本书可作为广大工业设计专业本科学生的专业教材或辅助教材；对高校工业设计相关专业教师的教学工作也具有较好的参考价值。

责任编辑：吴　绫　李东禧
责任校对：陈晶晶　刘梦然

实验性工业设计系列教材
产品与休闲·文化传播与形态语意设计
章俊杰　编著
*
中国建筑工业出版社出版、发行（北京西郊百万庄）
各地新华书店、建筑书店经销
北京嘉泰利德公司制版
北京方嘉彩色印刷有限责任公司印刷
*
开本：787×1092毫米　1/16　印张：6¾　字数：123千字
2015年5月第一版　2015年5月第一次印刷
定价：**45.00元**
ISBN 978-7-112-17085-2
（25225）

"实验性工业设计系列教材"编委会

（按姓氏笔画排序）

主　编：王　昀

编　委：卫　巍　马好成　王　昀　王菁菁　王梦梅

　　　　刘　征　严增新　李东禧　李孙霞　李依窈

　　　　吴　绫　吴佩平　吴晓淇　张　煜　陈　苑

　　　　陈　旻　陈　超　陈斗斗　陈异子　陈晓蕙

　　　　武奕陈　周　波　周东红　荀小翔　徐望霓

　　　　殷玉洁　康　琳　章俊杰　傅吉清　雷　达

序　一

今天，一个十岁的孩子要比我们那时（20世纪60年代）懂得多得多，我认为那不是父母亲与学校教师，而是电视机与网络的功劳。今天，一个年轻人想获得知识也并非一定要进学校，家里只需有台上了网的电脑，他（她）就可以获得想获得的所有知识。

联合国教科文组织估计，到2025年，希望接受高等教育的人数至少要比现在多8000万人。假如用传统方式满足需求，需要在今后12年每周修建3所大学，容纳4万名学生，这是一个根本无法完成的任务。

所以，最好的解决方案在于充分发挥数字科技和互联网的潜力，因为，它们已经提供了大量的信息资源，其中大部分是免费的。在十年前，麻省理工学院将所有的教学材料都免费放到网上，开设了网络公开课。这为全球教育革命树立了开创性的示范。

尽管网上提供教育材料有很大好处，但对这一现象并不乏批评者。一些人认为：并不是所有的网络信息都是可靠的，而且即便可信信息也只是真正知识的起点；网络上的学习是"虚拟的"，无法引起学生的注目与精力；网络上的教育缺乏互动性，过于关注内容，而内容不能与知识画等号等等。

这些问题也正说明传统大学依然存在的必要性，两种方式都需要。99%的适龄青年仍然选择上大学，上著名大学。

中国美术学院是全国一流的美术院校，现正向世界一流的美术院校迈进。

在20世纪1928年的3月26日，国立艺术院在杭州孤山罗苑举行隆重的开学典礼。时任国民政府教育部长的蔡元培先生发表热情洋溢的演说："大学院在西湖设立艺术院，创造美，以后的人，都改其迷信的心，为爱美的心，借以真正完成人们的美好生活。"

由国民政府创办的中国第一所"国立艺术院"，走过了85年的光阴，经历了民国政府、抗日战争、解放战争、"文化大革命"与改革开放，积累了几代人的呕心历练，成就了一批中华大地的艺术精英，如林风眠、庞薰琹、赵无极、雷圭元、朱德群、邓白、吴冠中、柴非、溪小彭、罗无逸、温练昌、袁运甫……他们中间有绘画大师，有设计理论大师，有设计大师，有设计教育大师；他们不仅成就了自己，为这所学校添彩，更为这个国家培养了无数的栋梁之才。

在立校之初林风眠院长就创设了图案系（即设计系），应该是中国设立最早的设计专业吧。经历了实用美术系、工艺美术系、工业设计系……今天设计专业蓬勃发展，已有20多个系科、40多个学科方向；每年招收本科生1600人，硕士、博士生350人（一所单纯的美术院校每年在校生也能达到8000人的规模）；就读造型与设计专业的学生比例基本为3：7；每年的新生考试基本都在6万多人次，去年竟达到了9万多人次。2012年工业设计专业100名毕业生全部就业工作。在这新的历史时期，中国美术学院院长提出："工业设计将成为中国美术学院的发动机"。

这也说明一所名校，一所著名大学所具备的正能量，那独一无二的中国美术学院氛围和学术精神，才是学子们真正向往的。

为此，我们编著了这套设计教材，里面有学识、素养、学术，还有氛围。希望抛砖引玉，让更多的学子们能看到、领悟到中国美术学院的历练。

赵阳于之江路旁九树下

2013年1月30日

序　二　实验性的思想探索与系统性的学理建构

在互联网时代，海量化、实时化的信息与知识的传播，使得"学院"的两个重要使命越发凸显：实验性的思想探索与系统性的学理建构。本次中国美术学院与中国建筑工业出版社合作推出的"实验性工业设计系列教材"亦是基于这个学院使命的一次实验与系统呈现。

2012年12月，"第三届世界美术学院院长峰会"的主题便是"继续实验"，会议提出：学院是一个（创意）知识的实验室，是一个行进中的方案；学院不只是现实的机构，还是一个有待实现的方案，一种创造未来的承诺。我们应该在和社会的互动中继续实验，梳理当代艺术、设计、创意、文化与科技的发展状态，凸显艺术与设计教育对于知识创新、主体更新、社会革新的重要作用。

设计本身便是一种极具实验性的活动，我们常说"设计就是为了探求一个事情的真相"。对真相的理解，见仁见智。所谓真相，是针对已知存在的探索，其背后发生的设计与实验等行为，目的是为了找到已知的不合理、不正确、未解答之处，乃至指向未来的事情。这是一个对真相的思辨、汲取与认识的过程，需要多种类、多层次、多样化的思考，换一个角度说：真相正等待你去发现。

实验性也代表着一种"理想与试错"的精神和勇气。如果我们固步自封，不敢进行大胆假设、小心求证的"试错"，在教学课程与课题设计中失却一种强烈的前瞻性、实验性思考，那么在工业设计学科发展日新月异的当下，是一件蕴含落后危机的事情。

在信息时代，除了海量化、实时化，综合互动化亦是一个重要的特征。当下的用户可以直接告诉企业：我要什么、送到哪里等重要的综合性信息诉求，这使得原本基于专业细分化而生的设计学科各专业，面临越来越多的终端型任务回答要求，传统的专业及其边界正在被打破、消融乃至重新演绎。

面向中国高等院校中工业设计专业近乎千篇一律的现状，面对我们生活中的衣、食、住、行、用、玩充斥着诸如LV、麦当劳、建筑方盒子、大众、三星、迪斯尼等西方品牌与价值观强植现象，中国的设计又该何去何从？

中国美术学院的设计学科一直致力于探求一种建构中国人精神世界的设计理想，注重心、眼、图、物、境的知识实践体系，这并非说平面设计就是造"图"、工业设计与服装设计就是造"物"、综合设计就是造"境"，实质上，它是一种连续思考的设计方式，不能被简单割裂，或者说这仅代表各个专业回答问题的基本开场白。

我们不再拘泥于以"物"为区分的传统专业建构，比如汽车设计专业、服装设计专业、家具设计专业、玩具设计专业等，而是从工业设计最本质的任务出发，研究人与生活，诸如：交流、康乐、休闲、移动、识别、行为乃至公共空间等要素，面向国际舞台，建立有竞争力的工业设计学科体系。伴随当下设计目标和价值的变化，新时代的工业设计不应只是对功能问题的简单回答，更应注重对于"事"的关注，以"个性化大批量"生产为特征，以对"物"的设计为载体，最终实现人的生活过程与体验的新理想。

中国美术学院工业设计学科建设坚持文化和科技的双核心驱动理念，以传统文化与本土设计营造为本，以包豪斯与现代思想研究为源，以感性认知与科学实验互动为要，以社会服务与教学实践共生为道，建构产品与居住、产品与休闲、产品与交流、产品与移动四个专业方向。同时，以用户体验、人机工学、感性工学、设计心理学、可持续设计等作为设计科学理论基础，以美学、事理学、类型学、人类学、传统造物思想等理论为设计的社会学理论基础，从研究人的生活方式及其规划入手，开展家具、旅游、康乐、信息通信、电子电器、交通工具、生活日常用品等方面产品的改良与创新设计，以及相关领域项目的开发和系统资源整合设计。

回顾过去，本计划从提出到实施历时五年，停停行行、磕磕绊绊，殊为不易。最初开始于2007年夏天，在杭州滨江中国美术学院校区的一次教研活动；成形于2009年秋天，在杭州转塘中国美术学院象山校区的一次与南京艺术学院、同济大学、浙江大学、东华大学等院校专业联合评审会议；立项于2010年秋天，在北京中国建筑工业出版社的一次友好洽谈，由此开始进入"实验性工业设计系列教材"实质性的编写"试错"工作。事实上，这只是设计"长征"路上的一个剪影，我们一直在进行设计教学的实验，也将坚持继续以实验性的思想探索和系统性的学理建构推进中国设计理想的探索。

王昀撰于钱塘江畔

壬辰年癸丑月丁酉日（2013年1月31日）

前　言

"产品设计语意学的研究是工业产品设计的重要研究方向，也是工业设计教学中的经典课程之一，作为一个课程，它的历史非常久，自德国包豪斯时期开始酝酿，到乌尔姆时期正式成课，并进行深入研究，之后则迅速进入美国设计教育界，并推广到全世界。应该说，语意研究是设计中非常基础也是非常核心的设计要素研究，对于它的教育也就显得更加重要了。

设计语意学是从眼到心，再由心到手的一门学科，在这门学科中，牵涉到造型知识，牵涉到人的心理学知识，牵涉到人的感官和情感原理，牵涉到社会传播和文化理论知识。归根结底，这是一门基于实践、基于实用性的学科，期待通过对此书的学习，同学们可创造出更多优秀的语意学实践案例。

在设计应用中，形态语意是产品的重要设计要素。物的界面信息传达最为重要的是视觉层面的信息交流，形态语意则在其中扮演了重要角色。设计语意研究所涉及的范畴不仅仅是形态，也包含形式所传达的信息、所处语境、背后的引申意义等。有时候我们会对一个产品展开丰富的联想，有时候我们通过观察就可以理解一个产品的使用，有时候我们没有理由地喜欢或者讨厌一个产品。"语意"在工业产品设计中就是这么重要，这么细微。

学习语意设计方法，要通过眼睛看、用脑学、动手实践、用心感受，这是一个综合过程，不能偏废其一。编写这本设计语意的教材时，我考虑在全面梳理语意及其设计理论的基础上，要与当代设计界的优秀设计、热点设计问题进行对接。所以，笔者甄选了一百多个设计案例，让阅读此书的学生在设计界最为优秀的真实案例的引导下获取对于理论的理解。同时，语意学是强调设计方法的一门学科，在书中，笔者加入了七大相关设计的实践方法。每种设计方法都是实践的结论，在此书中只可称抛砖引玉，也有待读者们细细品味、探索。

目　录

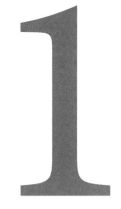

第一章 语意研究的起源

1.1 现象

在日常生活中,我们捕捉各种信息,80% 的信息来自于我们的视觉,而捕捉信息、理解信息这一过程不断地在日常生活中重演,通过学习,我们逐渐掌握了各种知识,也对各种事物有了更正确的判断。人从婴儿时期就开始学习捕捉各种信息,利用大脑的学习功能是人的本能。

如图 1-1 所示,我们所看到的是绝对伏特加品牌的酒瓶(Absolut Vodka)在不同装饰下的照片,仿佛看到了这些瓶子所处的地方,透过瓶子的装饰,它的环境使我们对它的理解超越了瓶子本身,甚至感觉到瓶子内酒的性格。因此而产生的疑问就是:"眼前的产品会说话?"事实上,通过感性认知,我们感受到眼前的产品通过它的外在形式与我们沟通,而这也就是形式语意与信息沟通的现象。

图 1-1
绝对伏特加的酒瓶

1.1.1 语意是产品视觉传达要素

当我们在使用各种产品的时候,是否会有品牌喜好?完善的品牌依靠系统性设计所表现的产品家族是持续吸引相应消费人群的法宝。

在此过程中,产品的外在表现就显得非常重要。产品的外在不仅给人本能的视觉体验,同时也在暗示产品的使用感受,强调产品的意义与精神满足。所以,与产品形式有关的设计是产品传播的重点。

案例：

如图 1-2 所示 IPod 所传达的年轻活力的象征语意与产品紧凑小巧的精致外形融为一体，产品定位为参与户外活动的使用环境，同时又为较低收入的青年消费层设计，所以外观为多重活力的颜色，操作简单直观。经过几代的进化，产品越来越紧凑小巧，产品市场保持持续的增长。

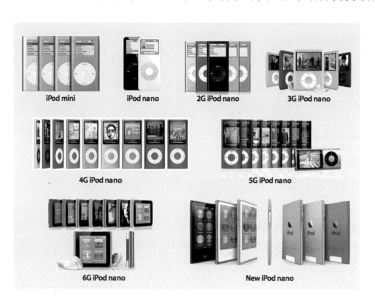

图 1-2
苹果品牌 iPod 产品族

图 1-3
苹果品牌 iPod 销量
（2002~2009 年）

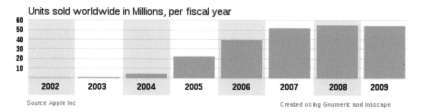

产品与休闲·文化传播与形态语意设计

1.1.2 设计与意义的发生

人造物来自于人的意愿，人利用人的劳动将某种意愿倾注在物体中获得功能。物体作为一种实实在在的信息载体，借由自身将信息传达出去。

哲学家罗素认为：词语是代表某事物的符号。词的意义就是事物。这是一种对于符号的指称思想。《荀子·正名》中提到"制名以指实，上以明贵贱，下以辨同异"，是指名的由来一部分是伦理的需要，一部分是思考辨别的需要。所以，根据这些思想来看，符号是一种指代意义的称呼，每一个产品都可以看作是符号的系统集成，而意义就是达成创造物的目的的过程工具。

意义是产品语义学的基础，产品设计需要传达意义。李福印在《语义学概论》中综合总结了 Ogden 和 Richards 的意义的 22 层次观点和 Leech 的观点，认为意义包含五种要素："对象、概念、符号、使用者和语境。意义可以是对象（包括对象的属性、特点等）。意义可以是人们头脑中的概念（包括想法、观念）等。意义可以是说话人的打算、想法，要传达的暗示、隐含等。意义可以是符号本身或者是符号之间的关系，意义可以存在于语境中。"意义是设计的必然属性，而意义的传达也是设计的核心问题之一。

1.2 对于语意的关注

产品语意学是后现代主义、解构主义、新现代主义发展的一种设计思想。语意一词指语言的意义，与语义一词没有明确的区分。在学科层面中通常采用"语义"一词，以区别于语意。

产品语意学的理论起源于乌尔姆设计学院。20 世纪 50 年代，该学院提出了设计符号论并将"符号运用研究"付诸教学实践。德国设计界开始在设计符号领域进行研究。60 年代德国乌尔姆造型学院就探讨过符号学的应用。后来，德国的朗诺何夫妇（Helga Juegen，Hans Juegen Lannoch）在研究中明确提出符号学，并进行了教学实践。图 1-4 所示为乌尔姆设计学院的首任院长马克思·比尔（Max Bill）在课堂教学中。

在 Brown 的设计中可以看到"乌尔姆式设计研究"的实用风格。图 1-5 为 Brown 的前首席设计师 Dieter Rams。

美国工业设计师协会（IDSA）于 1984 年举行的关于产品语意学的专题研讨会上给予明确定义：产品语意学是研究人造物体的形态在使用情境中的象征特性，并且将其中的知识应用于工业设计的学问。

图1-4（左）
马克思·比尔（Max Bill）
在课堂上
图1-5（右）
Brown前首席设计师
迪特·拉姆斯（Dieter
Rams）在工作中

图1-6
丽莎·克诺（Lisa Krohn）
的电话机设计

在此之后，美国克兰布鲁克艺术学院在课程中研究了产品语意观念，其中有著名的学生丽萨·克诺（Lisa Krohn）。丽萨·克诺和图克尔·维美斯特（Tucher Viemeister）于1987年设计的Phonebook，获得Neste Forma Finlandia price。在她的设计中，电话的设计通过新技术，综合了录音、播放、复印信件的功能，使用者每次翻阅，都可切换功能，将产品功能和外形的含义很好地结合起来，让人在使用科技产品的时候与传统使用经验一致，保证相关联语意信息的传达。让使用者在学习和使用的时候毫不费力。

1985年，荷兰举办了全球性的产品语意研讨会，飞利浦公司以造型传达设计策略，将语义学研究应用到实践中并获得了成功。

美国的克里本多夫（Klaus Krippendorff）于1962年在乌尔姆造型学院毕业，后任美国宾夕法尼亚大学交流学教授。他和布特（Reinhart Butter）认为，产品语意学是对人造形态在他们的使用情境中的符号性质进行研究，并且把这一认识运用在工业设计中。

我国大陆地区在2000年之后开始了一些较为系统的符号和语意学研究。中国美术学院工业设计系，经过长期的对于产品造型语意的研究，逐步开设了产品语意学的课程，着重培养学生对造型语意的理解分析以及设计实践应用的能力。

应该说，国内外对于产品的形式的关注，从产品起源之初就没有停止过，现代产品设计对于产品外在语意的探索有更成熟的条件。语意学是研究人造物体的形态在使用环境中的象征特征，并且将其中的知识应用于工业设计，这门学科不仅研究如何让产品更符合人的认知规律、行为习惯，使人更容易理解，缩短学习过程，也研究人的感性理解、通用的形式语言方式。

1.3 现代产品语意研究背景

1.3.1 现代技术的兴起与产品语意

因为技术的不断深化研究，对于技术的控制都在不断降低门槛，电子和计算机技术也在不断地抢占机械的领地，传统机械被计算机等信息技术从后台控制，更多的新的开发者涌入电子机械产品开发领域，产品开发的技术可能性大大拓展。随着由数字技术所推动的设计开发技术的进步，产品的内在与外在在设计中都有了更大的发挥空间。

产品的外形在设计时拥有更丰富的表现力，同时，因为技术功能的同质化，产品也不可避免地依赖外在，通过外在信息的传达，明示或者暗示产品的各层面信息，这能够影响市场。产品作为一个品牌向目标市场的延伸，更多地依赖产品所提供的信息，让消费者产生长期的品牌印象，增加市场黏着度，而这些也都要依赖于产品的形式语意设计。

技术的集成造成产品内外的相对分离，产品趋向于展现优美的一面，用户不必拆装产品，只需简单直接地操作。也就是说，简单方便促成了产品功能的直白，而外观形态在产品价值感体验中的比重也在增大，对于设计而言，产品外观设计的系统性与产品的交互体验成了设计的重点发展方向。

案例："体感交互技术"的发展

图 1–7 所示为电影《少数派报告》（Minority Report）中主角用手虚拟操控机器，事实上，美国的麻省理工学院（MIT）对此已经作了相关研究，这也是体感交互技术的前身。游戏领域在人机交互上的探索要比其他行业早，比如六七年前任天堂发布的 Wii，就通过类似电视遥控器一般的手柄，开创了"体感交互"的先河。

图 1–7
电影《少数派报告》

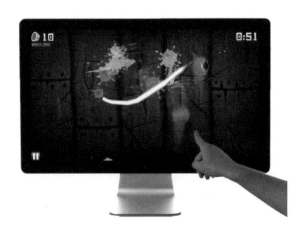

图 1-8
体感交互电脑游戏"切
水果"

物联网"The Internet of Things"是新一代信息技术的重要组成部分。从字面意思上看，物联网就是"物物相连的互联网"，它是在互联网的基础上延伸和扩展的网络。物联网的用户端延伸和扩展到了任何物品与物品之间，进行信息交换和通信。

网络信息技术向物品延伸，其造成的结果是多维度的：产品功能被极大拓展，其使用方式和用户操作体验被综合化。随之而来的产品外观的改变也势在必行。对产品的经验认知和情感以及审美方式会逐渐改变。这些都是因为新技术所带来的影响，未来的产品设计是进一步升华以用户体验为核心的创新，是对电子信息技术进一步深入拓展的技术。

1.3.2　探索产品语意的本质

产品作为一种人造物，它包含了多层次的功能，克里彭多夫认为，产品不仅仅拥有物理功能，而且还要提示如何使用，同时具有象征功能，并且产品构成了人们生活的象征环境。由此可见，产品所传达的基本含义、使用含义、象征功能以及引申的象征环境都是产品通过语意想要表达的部分。

现代主义设计师——美国芝加哥建筑学派的刘易斯·沙利文（Louis Sullivan）提出了"形式追随功能"的观点，在这种观点之下，产品的设计与工业化生产高度结合起来。追求功能的产品在某种程度上可以降低成本，方便制造，也就为工业产品发展创造了条件。而人的审美趣味也由此改变，以制造为主导的工业美感被广泛应用。随着技术的进步，制造的可能性外延被大大拓展，人对于产品的要求也越来越趋向多元，设计师希望以形式去主导产品含义，这种含义不仅是美观，也代表了操作体验的一部分，更是深层象征含义的一部分。

图 1-9
苹果 iPad 产品

用户对于产品的使用体验更加关注，关注可持续设计，这成了当代产品设计的重要思考方向。语意的本质在于一种信息的目标功能，它的使用是因生活目标需要而被赋予在产品中。

1.3.3　文化反思下的产品语意

产品语意的理解是一种感性事物，长期的感性认知的积累成为区域性的理解记忆方式，从而成为相关人群的价值观念。这是我们说的区域文化，文化是极其抽象的，也是会变化发展的。人们对于产品外观所传达的自身含义，不仅仅关注其本意，产品的语意传达所构建的文化含义也愈加重要。

在全球化背景下，文化与产品的关联越来越大，产品的输出通常会成为价值观的输出，而产品的应用也越来越成为价值观的承载方式。文化可以从不同层面去理解，品牌传达给用户的是品牌文化，一个地区的产品语意所暗示的是区域的文化。

随着民族文化的觉醒和民族自信心的增强，全球文化和地区文化形成了矛盾与互补关系，一方面，全球化文化因为现代科技的深层促进所呈现的特征，如生活模式单一，形式审美趋同；另一方面，各国以对于本地文化的不断挖掘和演绎来对抗全球化文化所带来的统一格式。

产品不仅仅是使用的物的符号，也是文化符号。产品的设计是功能技术与文化审美等多重因素的统一。产品与生活息息相关，它承担着传承发展现代文化，甚至探究未来文化走向的责任。

在文化融合背景下的产品设计，要求对于产品的符号和传达进行多方位研究，对符号进行重组、融合、交互、更新等多种演绎。

案例 1：梅瓶的历史演绎
梅瓶是一种小口、短颈、丰肩、瘦底、圈足的瓶式，以口小只能

图 1-10　元代祭蓝描白龙纹梅瓶　　图 1-11　清代青花龙纹梅瓶　　图 1-12　2012 年 100% Design 展会中的"素生"品牌的竹编梅瓶——"影"

插梅枝而得名。因瓶体修长，宋时称为"经瓶"，作盛酒用，造型挺秀、俏丽，明朝以后被称为梅瓶。梅瓶最早出现于唐代，宋辽时期较为流行，并且出现了许多新品种。宋元时期，各地瓷窑均有烧制，以元代景德镇青花梅瓶最为精湛。

"梅瓶"在中国古代陶瓷研究领域中属于单一器型。梅瓶起源于唐宋，起初用来装酒，后来被文人雅士用来插花作装饰用，形状也进行了修正，它以小口、翻唇、短颈、颈肩之间形成近 90°的硬折角、瓶腹鼓圆、腹胫瘦长而形成一种体态秀美的造型。

直至清代末期，"梅瓶"这个被文人雅士冠予的美誉才成为人们对这种器物的一种约定俗成的称谓。一个产品历经朝代的变迁，不断进化，才形成经典的文化语意。

案例 2："洛可可"公司旗下品牌"上上"

图 1-13 所示为"上上"品牌参考中国古代文人的诗画意境所设计的香器。

图 1-13（左）
洛可可"上上"品牌产品——高山流水
图 1-14（右）
洛可可"上上"品牌产品——高山流水（细节）

案例 3：品物流形设计团队设计的作品

基于对中国传统手工艺的研究，品物流行设计团队的设计师将现代的设计思想加入设计。图 1-15、图 1-16 所示的产品叫"露"和"落"，"露"利用陶瓷烧制形成桌板，"落"利用纸浆制作形成灯罩，光线清透，富于质感。

图 1-15（左）
"品物"品牌产品——"露"
图 1-16（右）
"品物"品牌产品——"落"

2

第二章 "符号"——形态语意的基础

2.1 语言、信号与符号

2.1.1 语言传达

语言是人类共同的技能，是区别于动物的人类生物传达信息的重要方式，索绪尔认为人类语言有其"复杂性和杂多性"，语言表现的是一种不可分的现象，同时具有物理性、生理性、心理性、个人性和社会性。语言表述遵从语法规则。不同人对于语法的共同认知，使语言承载较为准确的信息沟通成为可能。罗素认为语言符号（名称）由形式和内容构成，形式是指语言的书写和语音形式，内容是指语言的各种语法、语意和语用等信息。

亚里士多德认为：有声的表达是心灵体验的符号，而文字则是声音的符号。正如文字在所有的人那里都不相同，说话的声音对所有的人来说也是不同的。但是他们（声音和文字）首先是符号，这对所有人来说都是相同的心灵体验，而且与这些体验相应的表现内容，对一切人来说也都是相同的。

赫尔德（Johann Gottfried Herder）在关于人类哲学的思考中认为语言不仅仅是表达工具，而且本身也是一种内容，确切地说，语言不仅仅是内容，而且也可以被看做是一种形式。同时，他还认为应当建立一门符号学，以便通过语言诠释人类心灵的隐秘。

中国语言学家许国璋认为：语言是人类特有的一种符号系统，当它作用于人与人的关系时，它是表达相互反应的中介；当它作用于人和客观世界的关系的时候，它是认知事物的工具；当它作用于文化时，它是文化信息的载体和容器。

语言是一种系统组织，它的每个单体部分在规律中的拼搭组合形成意义，同时，有声的语言被物化形成文字。它符合一定的语法规律，较为精确，但同时也具有模糊性。以洪堡（Wilhelm von Humboldt）的理论来看，语言是某种连续的、每时每刻都在向前发展的事物，不是一成不变的，是一种创造性的活动。不同的语言文字表达类似的意义，

图 2-1 中国商朝晚期的甲骨文拓印

图 2-2 不同语言说 "我爱你"

图 2-3
不同的 "身体语言"

不同的肢体语言也能传达意义。

从这些论断中,我们可以看出:"语言是符号"。语言是组合与系统的交叉统一体。语言信息中语言元素的关联组合被称为关联聚合与横向组合。作为符号,语言又不同于一般意义上的功能符号,语言是在社会性的意旨之下的衍义性符号。语言这个符号的功能是要反映出两个相关事物之间的某种关系。

2.1.2 信号

信号是运载消息的工具,是消息的载体。在生态学中,"信号"(signal)是动物用于交流信息的形态特征、行为方式、化学物质以及声音等;在语意研究中,信号通常指在一定时空条件下的一种即时的物理刺激。随着现代语言学科的发展,围绕语言研究所产生的各相关语言学科分支互相影响、渗透,形成语言研究体系。

信号与符号不同,它可以传递信息,但却不具有客观的指称。信号传递的信息往往是直接的、简单的、自然的对应关系。如图 2-4 所示,我们可以很容易地识别出一些符号,而这些符号也成了约定俗成的一

图 2-4　从左至右的符号所传达的语意：斑马线、奢侈品牌 LV、和平、安全通道、男和女

些信息的载体，而被人们所共识。

2.2　符号学的发展

符号（sign），在汉语中的意思是"代表事物的标记"，比如用来代表一个物体的名称，就称为符号，符号是构成信息传播的基础，社会的发展与符号是不可分割的。

符号是利用一定的媒介来表现或指称某一事物，并可以被大众所理解的事物。所以，指代一定意义的象征物都可以称为符号。人们通过符号这一手段，进行交往、表达和传递信息。因此，符号是我们一切交往的起点，也是社会的基础。符号是一种有机的能够被感受到的非实在的刺激或刺激物，如烟火、气味、声音、语言、文字、绘画、图片等。

2.2.1　符号理论的进化

在我国古代很早就有有关符号的探索，我国的《周易》中讲到的太极、八卦都可以理解为符号相关的方法论体系。"易有太极，是生两仪，两仪生四象。四象生八卦，八卦定吉凶，吉凶生大业。"《周易·系辞》有言："古者包牺氏之王天下也，仰则观象于天，俯则观法于地，观鸟兽之文与地之宜，近取诸身，远取诸物，于是始作八卦，以通神明之德，以类外物之情。"观物取象就可以看成是从自然中寻求造物原理的过程。

老子讲："道可道，非常道；名可名，非常名。""道"和"名"就是一种符号关系。

古希腊医学家希波克拉底所写的《论预后诊断》讲如何根据病人的症状来判断病情，这也就是后来所发展的症状学（Semiology）。

古希腊哲学家柏拉图（Plato）在《克拉底鲁篇》中关注确立符号（semeion）、符号的意义（semainòmenon）。亚里士多德认为：言语是"人在心灵中唤起观念的符号"。

西方哲学家在此基础上发展了符号理论。英国哲学家洛克在1690 年发表的《人类理解论》中将科学分为哲学和伦理学。符号学（Semiotic）"是达到和传递以上两种知识的途径……可以叫作

Semiotic，即所谓符号之学"，各种符号因为大部分是文字，所以这门学问也叫作逻辑学。

2.2.2 符号学发展的理论体系

在符号学的发展历史中，不少学者对理论进行了发展，根据学术界的观点，具有代表性的有四个理论体系：

第一个理论体系是由瑞士语言学家费尔迪南·德·索绪尔（Ferdinand de Saussure）于1894年提出的符号学概念，他被法国结构主义者尊称为符号学之父。

他的理论源自于语言学派生而来的语言符号学，着重于符号在生活中的意义和与心理学的联系。他在他的著作《普通语言学教程》中提到：语言是表达概念的符号系统，语言符号是由印象形象和概念内涵组成的，前者称为"能指"（Signifier），后者称为"所指"（Signified）。这两个方面是符号的两个结构因素，前者是表征物，后者是被表征物。符号所代表的意义是社会环境中约定俗成的，如果这种约定被打破，那么意义就无法正确传达。

索绪尔的理论开拓了符号学的二元论。如图2-7所示，索绪尔的理论认为符号是由能指（Signifier）和所指（Signified）两部分构成。能指1和所指1构成了符号1，而符号（Sign 1，包括整个能指1和所指1）又可以成为第二个层次中的能指2，与所指2相对，形成新的符号（Sign 2）。

图2-5（左）
费尔迪南·德·索绪尔
（Ferdinand de Saussure，
1857—1913，瑞士语言学家）
图2-6（右）
符号的二元属性

图2-7
符号中能指与所指的构成关系

图2-8 玫瑰的符号分析

案例：图2-8所示的玫瑰花，"红色"作为能指与"热烈"的所指构成了符号1，符号1作为能指和另一个所指——"爱情"构成了符号2。

符号学中的另一体系是以查尔斯·桑德斯·皮尔士（Charles Sanders Santiago Peirce）为开创者的当前意义下的符号学，它源自美国实用主义的逻辑符号学，着重于符号的逻辑意义、与逻辑学的联系。

皮尔士认为符号可以分为图像符号（icon）、指示符号（index）、象征符号（symbol），他的思想为现代符号学奠定了理论基础，他为符号的概念下了确切的定义，他认为人的一切思想和经验都是符号活动，因而符号理论也是关于意识和经验的理论。

他认为符号是由三层关系构成的，即：符号联系、指涉对象的意义、对于指涉的解释（也就是符号的效果）。

由于现代符号学与现代语言学在内容、理论依据和应用上有许多相关性，因此现代语言学成了现代符号学的主要来源和基础。

第三方面的理论，是自现代逻辑学。德国的弗雷格（G.Frege）和卡尔纳普（R.Carnap）

美国哲学家查尔斯·威廉·莫里斯在19世纪30年代对符号现象作了一些研究，指出了所指谓（designatum）和所指示（denotatum）的区别。他将符号区分为形态、意义和应用三个方面，即语构学、语意学和语用学。符号在符号系统中的相互关系：语构学研究符号的自我构成，语意学研究符号所传达的意义，语用学研究符号的使用及使用的效果。

图2-9（左）
查尔斯·桑德斯·皮尔士（Charles Sanders Santiago Peirce，1839—1914，美国哲学家，逻辑学家）
图2-10（右）
符号的三元一体模型

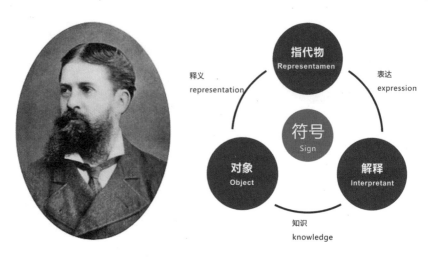

产品与休闲·文化传播与形态语意设计

产品的意义　　　　　符号的阐释和使用

语意
Semantic

语用
Syntactic

符号
Sign

语构
pragmatic

符号系统与构成

图 2-11（左）
查尔斯·威廉·莫里斯
（Charles William Morris，
1901—1979，美国哲学
家，现代"符号学"创始
人之一）
图 2-12（右）
符号系统的相互关系

此外，德国哲学家卡西尔（E.Cassirer）也在著作《符号形式哲学》中对于符号哲学建构了自己的体系，他认为"人是符号动物"，人类历史中所有的发展表现物都是符号，他认为语言是使事物符号化的工具。

法国哲学家罗兰·巴特（Roland Barthes）在《符号学原理》（Elements de Semiologie，1946）中写道："'记号'这个词出现在（从神学到医学）各种不同的词汇系统中，它的历史也极其丰富，不过这个词本身含义却很模糊。"

概括说来，"符号"是一种可以被感知的有形的或者无形的刺激物。所有能够以形象（包括形、声、色、味、嗅）等表达思想和概念的物质实在都是符号。传播学把符号视为传播的要素，符号是两个事物间的媒介，它与事物之间形成了纽带关系。符号也是事物之间的"沟通者"，它担负着用来沟通的介质的功能。

人与人之间传播的目的是交流意义，也就是交流精神内容。但是，精神内容本身是无形的，传播者只有借助于某种可感知的物质形式，借助于符号，才能表现出来，而传播对象也只有凭借这些符号才能理解意义，因此，人与人之间的传播活动首先表现为符号化和符号解读的过程，而后才是理解思考。

2.3　怎样理解符号

早年皮尔斯曾经提到过一个基本的符号分类，在后来的符号研究中，趋向于根据符号形式和它的指涉物之间的联系方式的不同来分类。

2.3.1　图像性符号

这是一种比较原始的意义表达方式，这种符号模式形式是对指涉

图 2-13
安迪·沃霍尔的波普艺术
作品《玛丽莲·梦露》

物进行图似、类比、模仿已具有意义的方法得到的。这类符号要求人
拥有对于模拟意向的理解基础，这样才能较为准确地把握含义，这个
过程通常是感性、直接的。图像性符号包含肖像画、卡通画、隐喻、
图像文字等。

案例：安迪·沃霍尔（Andy Warhol）的波普艺术创作

安迪·沃霍尔的作品《玛丽莲·梦露》是他在 70 年代的前卫波普
艺术代表作。他利用人物肖像在人心中的符号印象，展开大胆的色彩
改造，提出了平民化的美学观念，同时对于偶像与社会意识进行了反思，
而这种反思的视觉呈现就是借助图像性符号的画作实现的，是将符号
类比的表达方法。

2.3.2　象征符号

这种模式的符号形式与指涉物之间没有相似性，符号形式和意义
之间也无必然联系，而且基本上是任意的。

图 2-14（左）
中国传统的八卦符号
图 2-15（右）
石榴象征"多子多福"

很多的民族都有自己的象征符号体系，这些象征符号就是社会上约定俗成的，大家公认具有某种意义的符号，后被沿用下来。所以在此之间，中介是必要的条件。如我国传统上讲的松鹤延年，松树和仙鹤因为寿命长久而被人认为是一种吉祥长久的象征。

比如在中国的传统文化中蝙蝠象征"福"，松树象征"寿"，石榴象征"多子多福"。

案例：日本的枯山水园林

它是建立在禅宗美学基础上，以高度抽象的盆景似的线条去概括自然山水的意境。在枯山水园林中的每一件事物都是一个象征符号。

图 2-16　松树代表"长寿"

图 2-17　日本的枯山水园林（细节）

图 2-18　日本的枯山水园林

2.3.3　指示符号

这种符号模式的符号形式不是任意的，而是直接以某种方式与指涉物发生关系，符号形式与所要表达的意义之间存在"必然实质"的因果逻辑关系。

很多指示性符号建立在自然规律之上，物理机能可以引起人对于一种物质的符号性的判断，这被称为机能性指示符号。

比如公共的导视系统，建筑内部或者城市道路的指示系统，公园或者特定场所的信息提示牌，楼牌等，这些信息导视中的提示性符号系统，本身传达了特定的意义。

为了明确三类符号之间的区别，特别将符号的基本功能与意义进行比较：

三类符号间的对比　　　　　　　　　　　　　　　　表 2-1

	基本特征	传达意义	基本功能	能指与所指的关系
象征符号	此类符号的形式和意义之间没有必然联系，是有社会约定属性的，需要通过多次学习而获得	象征意义	文化认同、社会共识	社会共识
图像符号	此类符号是视觉上的相似和模仿，同时考量形式的美学意义	形式意义	形式类比、形式美感	知觉感受
指示符号	从自然可以推断的逻辑信息，是对于生存经验的积累，是可以推断的	指示意义	指示意义	逻辑关系

2.4　符号的基本特性

2.4.1　符号的感性理解

符号的能指与所指之间没有唯一性的联系，在不同的逻辑认识之下，任意符号所代表的指涉物都不同。通常我们按照惯例去理解符号。

个体在理解符号的时候也拥有不确定性，因为每个人的背景不同，理解方式不同，对于符号的解读也不同，不仅如此，在传达信号、制造符号的时候，每个人的理解也不同。

2.4.2　符号的约定性

符号的约定性也可以理解为社会性。符号是一种沟通的载体，所以，在群体中约定符号的意义，就能在群体中达成共识。我们经常有体会，到了国外，对于一些当地人习以为常的符号，我们完全不知情，这个时候，我们发现，符号的理解必须在统一认识的特定人群中才能有效，否则就有可能产生误解。符号作为社会历史的一部分被广泛解读，也被广泛地制造。

符号的研究和设计应当基于社会而不是基于个人，它依赖于社会和文化的习惯。社会个体之间应利用符号形成有效的沟通，达到社会信息运转的目的。

图 2-19
一群外国朋友用旧痰盂喝啤酒

2.4.3 符号的模糊性

符号是广泛多样的。符号可以按照不同的方式去表达，各种象征符号则更难以统一每个人的理解。

对于符号的理解是主观的，具有模糊性和多义性的特点。符号本身是一种介质，它的意义并非完全确切的。符号在被接收的时候也带有多义性，符号的组合则让意义具有更多的可能性。同样的语意在不同语境下也具有多样的特征。语言符号的暧昧性和多义性会对意义沟通造成影响，所以，在设计表达的时候，应当注意合理准确地表达语意，避免造成误读，从而影响产品设计传达的目的。

2.5 视觉语意

视觉知识的研究对象是指各种能通过人们的感觉器官感知到的事物的结构和功能、形态转化方式和方法、形态语意、形态表达。了解和研究视觉知识，是从根本上认识艺术和科学的关系，认识自然、社会和艺术的关系，认识艺术创作和艺术设计的基本方法。

视知觉捕捉器官受到外界的刺激，能够将信号传达给大脑，在大脑皮层留下印象，这是视知觉的形成原理。记忆会形成潜意识，形成头脑中的信息库，在思考的时候可以随时调用该信息库。据资料表明，人的视觉所接收的信息量占所有感官信息接收量的80%，所以人们对于语意信息的研究通常来自于视觉。

视觉知识的研究需要在实验的基础上通过严密的逻辑推论来实现，同时要依靠人的感性经验进行辅助实验，来形成形态与事理之间的关系。

在国内教育中，通常将形态研究分化为平面、色彩、立体、材质、行为、空间构成等研究。形态语意的研究是应用语言学（历史主义语言学、结构主义语言学）符号学、社会学等方法的研究。综合各学科

图 2-20 "高帅富"与红色法拉利

图 2-21 红色法拉利

研究对语意研究的影响，在应用语意符号设计过程中应注意这样几方面：

（1）挖掘符号意义。形态语意应当挖掘产品设计元素的意义，产品形态所表现的指涉意义是向消费者传达外部信息的重要途径。

（2）传达畅通。传达是符号的重要特征之一，传达环节中的障碍会导致符号的传达失败或是传达不良。

（3）创新和创造。符号要素可以形成多种组合，意义是有不同层次的，这要求对于符号的创造有不同的可能性，需要不断地探索。

案例：高帅富与跑车的视觉吸引力

视觉是人最主要的信息接收来源，试想一辆红色法拉利从街头飞驰而过，一定可以吸引众人的目光，如果再配上"高帅富"则更加提高回头率。在人的五感中，视觉感觉接收到的信息约占80%，视觉符号以本能直觉为核心，是为大脑进行思考而采集的前沿信息，所以强烈的色彩、靓丽的外表通常会唤起人最直接的注意力。

2.6 产品设计中的形态语意

2.6.1 语意学来源

"语意"（Semantics），也叫作"语义"。产品语意学（Product Semantics）在20世纪80年代的工业设计界兴起，为一种设计思潮，"语意"的原意是语言的意义。克里彭多夫自1984年以来对于产品语意学提出了广义的陈述，他认为：产品应该具备指示如何使用、提供人的使用环境的象征意义。产品语意反映了心理的、社会的以及文化的连贯性，从而使产品成了人与象征环境的连接者，产品语意构架起了一个象征环境，从而远远超越了纯粹生态社会的影响。

　　符号的认知是产品语意学的基础，对于产品来说，它是一个从意向到传达、从感知到感受的具有传播性的综合系统，它建立在设计师和用户之间的关系之上。

　　产品的形态是产品的符号语言的最重要的一个组成部分。产品的形式是产品设计环节的重点，他不仅仅是设计师创造的主体部分，而且也是被用户接收和判断的重要部分。产品语意学就是围绕设计形式而展开的一门设计理论。

　　克里彭多夫认为，产品语意学所研究的是对象的含义，对象的符号象征，它在什么心理、社会和文化环境中使用。产品语意学的设计方法是把产品的象征功能与传统几何学、技术美学等学科的技术方法结合起来，采用比喻、暗喻等修辞方法形成的。但实际上产品语意学和产品符号学又确实是两个不同的概念。

　　产品语意学与符号学之间的关系很复杂，但对产品设计而言，一般以索绪尔的符号语言学为出发点，以"能指——所指"的理论为基础来探讨产品设计。符号学的基本理论适合于产品语意学，应该说，语意学是符号学的延伸学科。

案例 1：飞利浦·斯塔克（Philip Stark）设计的"Juicy Salif"

　　我们看到，画面中的设计是标识性非常强的一个设计，也是知名设计师飞利浦·斯塔克（Philip Stark）的知名设计"Juicy Salif"，他认为这是一个他用来与陌生人开启话题的设计，通过突破想象力的诡异造型，引起人的语意联想，所以，一个榨汁机就拥有了意向中的生命。对于仿生形态的榨汁机的语意判断是根据某种生物以及其与材料功能之间的冲突所构成的，语意是通过符号来传达的，符号是语意的载体。

图 2-22
设计师飞利浦·斯塔克与
设计"Juicy Salif"

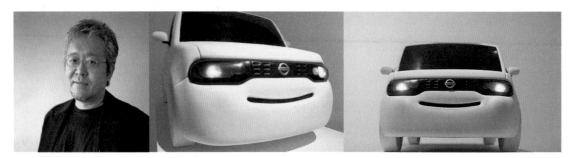

图 2-23　原研哉（Kenyahara）设计的"Smiling Vehicle"

案例 2：原研哉设计的"Smiling Vehicle"

该设计是原研哉设计事务所与日产汽车（也就是 Nissan）合作的一款概念产品，名为"Smiling Vehicle"，字面意思是"微笑的汽车"，设计作品本身也贯彻了这样的概念。原研哉的"SENSEWARE"（感性体）设计理论，利用设计刺激人类感官，唤醒使用的记忆，将冰冷的机器赋予更多的人情味。

2.6.2　什么是形态

组成空间形态的基本元素有：点、线、面、体、形、色、质。点、线、面的空间组合构成形态，形态本身是与物质紧密结合的，而人对于形态的本源感觉来自自然，形态是人感受外界的第一要素，是有形世界的主要特征。形态可以分为自然形态、人工形态、几何抽象形态。

自然形态的发展主要依靠自然的成型规律，是符合大自然的物质形成规律的。常规的区分，可以区分为非生物形态和生物形态。人为形态是指人为参与的，利用天然或加工材料，使用加工工具创造出来的各种形态。现代工业产品，因为加工制造的限制，通常采用几何形态，这种形态在某些时候被称为机械美感，如果造型过于机械，则丧失了人对于自然感受的审美。

几何的形态是有规律的，可以被数字化，它按照其不同的形状可以分为三类：

（1）多边形类，包括正方体、方柱体、长方体、八面体、方锥体、方圆体、三角柱体、六角柱体、八角柱体、三角锥体等。

（2）圆形类，包括球体、圆柱体、圆锥体、扁圆球体、扁圆柱体、正多面体、曲面体等。

（3）复合几何形类，包括基本几何形的叠加或者变形。

抽象形态是人在表达和认知中的虚化的形态，是一种概念化的形态。

抽象形态也包括有机的抽象形态，它是指有机体所形成的抽象形体，如类似细胞形态、类似鹅卵石的不规则圆形等，这些形态通常带有曲线的弧面造型，显得饱满、圆润、单纯而富有力感。

　　无序的抽象形态，它是指不可控的偶发形态。常常带有不确定性，也具有自然美感。偶然抽象形态来自于物质的本质属性。设计师应当重视自然状态下的形式美感，将其强化、提炼。

　　产品形态语意设计是研究符号在产品外观中所传达的信息以及被使用者捕捉、理解它们之间的系统关系的设计过程。

　　语意的基础是语言学，系统理论和中国传统的辩证思想。图形语言和文字语言都具有传达信息的作用，是传递信息的媒介。

案例：英高·莫勒（Ingo Maurer）的灯具设计

　　Ingo 被称为光的诗人，他所设计的灯是动态随机和无序形态的典范，长上翅膀的鸟形灯泡向四周飞舞，或是碎裂的陶瓷片团簇成吊灯。这些都是仿自然动态的形式。

　　在现代化产品设计和生产中，产品形态大都是由几何抽象形态或有机抽象形态组成的。这些形态简约、单纯，而且适合机器的加工与生产，但因为抽象形态通常造型较为明确，所以会让人感觉缺乏意外，缺乏生命力。相比较，自然形态通常变幻莫测，但有时候却会受自然规律的影响，而形成充满动感的形态。

图 2-24
Ingo Maurer 的灯具设计

2.6.3 形态和感觉

人对于事物的形态的认识来自于视觉、触觉，对于形态有一个认识，从而产生心理判断，形成主观经验，这是知觉产生的过程，但人的知觉是个人化的，人有不同的审美，所以审美是受不同的人文、历史经验影响的。人的审美心理活动包括人的内在心理活动和外部行为，是感觉、记忆、思维、想象、情感、动机、意志、个性和行为的总称。人在本能感觉之上，拥有一些事物认识的通感。

1. 速度力量感

也可以称为动感。人们对力量的感知只是通过对外界物质的力的相互作用的规律而形成的势态的理解。根据人的经验，形态中的力量是通过形态的动感的态势暗示来表达的。比如饱满的形态往往有一种向外扩张的力量感，前倾或垂直的形体有一种向前或向上的动感，弯曲的形体有一种弹力感。

2. 节奏韵律感

形体的深浅、起伏、转折变化形成了韵律感，仿佛具有动感，雕塑也似乎活跃了起来，这是天然的通感。

3. 好奇特殊感

创新求新是人的生存基础。整个自然环境也是在不断地新陈代谢，不断地进化，所以创新是生命进化的归属，创新是世界发展的动力。在形态设计中，要创新，首先要了解世界的发展，了解人的爱好、习惯以及不同人的性格特点，关注新材料技术的发展，创造个性产品。

4. 系统关联感

联想是人们思维活动中的普遍现象，是人认知上的重要环节。联想可以把具有关联性的事物通过感性匹配的方式串联起来，形态设计也离不开联想。

联想是把具有关联性的事物联系起来，如物质和它的特性，也有将因果关系联系起来的。总的来说，关联联想建立在人的认知经验基础上，但并不一定完全符合逻辑。

案例 1：Wabi-Sabi 侘寂美学

Wabi-Sabi 侘寂美学是日本的禅宗美学的继承发展，它来自于日本茶道，它讲求事物的自然美感。它认为事物应当尊崇自然美感。所以，在 Wabi-Sabi 茶室中，所有的物件都是带有历史感的肌理的。这种区别于传统装饰性的完美主义的审美方式甚至影响了当时欧洲的贵族阶层。

图 2-25
日本的 Wabi-Sabi 侘寂美学

案例 2：日本设计师柳宗理设计的蝴蝶凳

柳宗理受到包豪斯和柯布西耶的影响，但他的研究重心在日本乡土文化上。柳宗理认为，研究民间工艺可以让人们从中汲取美的源泉，促使人们反思现代化的真正意义。1957 年，柳宗理设计的蝴蝶凳（Butterfly Stool）获得了全球的赞许。它双向合一的造型，如同佛教的双手合十，极具东方符号美感。

图 2-26　柳宗理设计的蝴蝶椅

2.6.4　形态和语意的关联

人对于形态的感受是从自然发展而来的，虽然在现代人眼里充斥着人造形态，但是，从自然中寻找形态的根源，能够还原形态审美的本源，而且必定更加有魅力。自然界的形态是具有生命感的、流动的形态，是互相交错的，有时充满力量感，有时纤弱，这些是以人为主体的形式法则的依据，能被恰当地应用在产品的设计中。

同时，理解形态，需要理解并运用形态设计中的要素。产品造型是一个产品的外在表现，是有规律可循的。首先，应掌握形态设计中的关键要素。产品形态是功能、材料、结构、机构等诸多要素的综合体现，因而构成产品形态美感的特征必定是与某些要素紧密联系的，形态设计的要素大致有体量、动态、秩序、平衡等。

1. 体量要素

对于产品来说，它的功能、使用方式、体积大小等方面的不同，都会使其具有不同的体量感。设计师的体量感可以通过产品模型实践经验来增长，同时，体量要素也包括重量等一些对于其他物理属性的感觉要素。

2. 动态要素

万物是运动不止的，具有生命力的东西也一样运动不止。因此一些带有动感的艺术品往往有很强的吸引力。在立体形态设计中，设计师往往利用一些具有动态的设计要素来加强形态的动感。我们通过这样一些方式达到具有动感的效果：流动感，形态的扭曲，节律变化，线形的方向感，机构的传动，传动装置，结构的连接，组合方式等。

3. 秩序要素

自然界的事物是有规律的，也充满秩序。秩序是产生美感的基础之一。"对称"和"节奏"就是秩序的典型案例。秩序是在各种变化的因素中寻找一种规律和统一性。当然，强调秩序并不是指千篇一律或者一成不变，在立体形态设计中，强调秩序是追求一种有规律、有秩序的整体美。

4. 平衡要素

平衡感可以分为物理上的稳定和视觉上的稳定。人对于物理世界的认知经验告诉他，重心越高，心理感觉越不稳定。在设计中，平衡不仅仅是形态视觉平衡，结构平衡一样重要。

案例：喜多俊之设计的 HANA 盘子

他最初是受到一个传统的三叶盘子的启发，设计了这一款符合现

图 2-27　喜多俊之与他设计的 HANA 盘子

代人饮食习惯的三叶 HANA 盘子，能够盛放三种食物。据称，喜多俊之一直希望寻找到能代表本土审美的白色，同时三个重叠的盘子形成了系统化形式的符号。

2.7　符号和语意的含义

意义（Meaning）：人类对事物的认识及赋予含义并以符号形式传递和交流的精神内容。意义活动属于人的精神活动的范畴，但它与人的社会存在和社会实践密切相关。在人类的社会生活中，意义是普遍存在的。

罗兰·巴特不仅系统地整理了索绪尔的语言符号学理论，而且构建了他关于语言、符号系统的理论。在他的《符号学原理》中，将记号分为 significant（能指）与 signifié（所指）。

他将物称为"能指"、"所指"除了功能性的本意，还有"引申意义"。根据他研究的不同层次的表意，第一层次是有能指和所指结合在一起的意指系统（真实符码）构成，第二层意指系统（术语系统）的所指，称之为明示意义系统，所表达的是明示意义（Denotation）或"物"的本意；第二序列是由能指和所指结合在一起的第二层意指系统（真实符码）构成的第三层意指系统（修辞系统）的能指，称之为隐含意义系统，所表达的是隐含意义（Connotation）。符号的意义（Signification）则是明示意义和隐含意义的有机统一。

能指是符号的形象，是感官可以感受到的部分，例如形、色、音等，所指是符号在意识上的指涉，也就是符号所代表的意义部分。在《符号学原理》一书中，巴特梳理出了符号学的四对概念：语言与言语、能指与所指、组合与系统、内涵与外延。

巴特认为符号在完成表意的过程中有三个层次：明示意义（外延

图 2-28
罗兰·巴特（Roland
Barthes，1915.11.12—
1980.3.26，法国社会评
论家及文学评论家）

意义）、隐含意义（内涵意义）和意义的相互主观。符号的明示意义是
表意的基础，隐含意义是附加上另外一层含义，形成新的所指。意义
的相互主观能理解为编码、解码和符号关系的问题。根据巴特在语言
学中对于符号意义层次的理解，现代产品设计语意学进行了发展探索，
认为设计语意应当区分为外延性的语意和内含性的语意。

2.8　产品符号意义的分类

2.8.1　外延性意义（Denotation）

外延意指——denotation（明示意）：一项符号表达对信息接收者
所触发的直接效果。它是指语言明确说了什么，即某个符号与其所指
对象之间的简单关系或字面关系。这层意义是首要的、具象的，并且
是相对独立的。就产品而言，外延与产品外观与其所表达的内容构成
有关，是物体的表象内容。

语言学中讲的"明示意义"是社会成员约定俗成的，是客观的、
相对稳定的意义关联。外延性意义也叫做产品明示意，是指事物与符
号之间的关系。它在文脉中表现为一种直接表现的显性因素，即由产
品外在直接表达产品的本体内容。它是一种理性的信息，如产品的形
态色彩、结构技术、材质图案、光影等。

外延意指主要包括两个方面：

（1）形式认知与识别

主要指形式特征的直接的外在信息传达，比如这是什么用途的产
品，使用这种产品有什么直接效果。这个层面通常是对于产品的外在
的直接判断，这个方面是产品的基本要点，是向用户传达产品基本功
能属性的语意。

（2）功能使用

功能性所传达的最主要的意义是产品的功能指示。产品应当通过

图 2-29
深泽直人设计的水果饮料
包装盒

形态、色彩、材料与质感等符号元素，使用具有指示功能的设计，向人传达产品的使用操作方法，让人更加容易理解，也更方便使用。在这里，外延意指很重要，信息透过形式语意传达给用户。唐纳德·A·诺曼（Donald Arthur Norman）在《设计心理学》（the Design of Everyday Things）中写道："设计在任何时候都要让消费者感觉使用简单、直观。产品有可能通过局部细节表达功能指示，也可能通过整体的功能指示，更有可能是在操作中的实时指示。"

图 2-29 所示为日本设计师深泽直人的利乐包装设计，他将外包装设计成水果皮的样子，而这种外观语意可以暗示里面的果汁。

案例：深泽直人设计的水果饮料包装盒

饮料包装盒的外部被设计成与水果一样的表皮质感，不仅直接暗示了水果的口味，同时也让饮料显得非常新鲜。这是符号语用的经典范例。

2.8.2　内涵性意义（Connotation）

内涵性意义——connotation（伴示意）：所有能使个人想起符号意义的事物。内涵是指使用语言表明语言所说的东西之外的其他东西，是言外之意，即意义中那些联想的、意味深长的、有关态度的或者是评价性的隐秘内容。

内涵性意义也叫做产品隐含意义，与符号和指称事物所具有的属性、特征之间的关系有关，与用户的年龄、性别、民族、阶层、教育背景、生活方式等因素有关。它是一种感性的信息，更多地与产品形态的生成相关，是产品外在不能直接表达的隐性关系，即由产品形象间接说明产品物质内容以外的方面。内涵性意义主要表达产品在使用环境中显示出的心理性、社会性或文化性的象征价值，也就是个人的联想（意识形态、情感等）和社会文化等方面的内容。它比外延性意义的层次更多，也更难以逻辑归类。

与外延性相比，内涵性并不会使产品和其属性形成固定的对立关系。对于不同的受众，产品将被赋予不同的意义。所以，产品符号的内涵是建立在人们有意识的联想的基础上的，与每个人的知识结构、认知能力、兴趣爱好、性别、地域特点都是有关的。

内涵性意义主要有这样几个方面：

（1）直接或间接的情感

这个方面是指消费者基于自身情感和认知记忆，对产品产生"情感性"认知和评价的过程。美与丑，喜欢与不喜欢，这是用户直接的情感反应，是基于本能或浅层经验认知的情感反应，比如 Apple G5 冷酷的外表。某些材料或物品在我们的脑海里形成印象，某些是回忆。

（2）社会性意义

社会性意义主要是指用户、产品以及在使用的社会环境的关系中产生的特定含义。社会性意义表现为：逐渐形成的人的群体并形成消费的认同感，另一方面，人们也会逐渐通过物品而建立起一定的群体，比如乐活族、星巴克阶层、苹果族、奢侈品用户等。品牌都必须通过独特的外在的表现让识别者形成自己的印象，这也让消费者对品牌形成了特定的社会性的认知。

（3）文化

根据消费者的社会经验和文化感悟所体会到的历史文化、社会意义或者风俗等归属感。

设计者在设计的时候，必须考虑作品的社会意义、历史意义、文化感受、意识形态。文化作为一种思维习惯，是获得大众市场的重要因素，而且也是在全球化下的地区文化差异的价值所在，比如意大利Vespa摩托车已经形成文化标记，比如MINI Cooper所体现的英伦风格。

案例：深泽直人设计的无印良品的 CD 播放机

这个播放机酷似电风扇，在 CD 转动播放的时候，音乐像微风一

图 2-30
深泽直人和他设计的 Muji
品牌"CD 播放机"

样扑面而来，而复古的拉链开关也能够引起人的美好的回忆，好像使音乐又多了一些质感。在这个设计中，并不存在的微风来自于人的认知经验，而音乐则带来隐喻的美感。

2.8.3 意识形态

美国哲学家莫里斯把符号学分成三个部分，也就是符号学研究的三大基本内容：语意学、语构学和语用学。按照莫里斯对于符号学的分类，产品符号学分为产品语用学、产品语意学、产品语构学三部分（Pragmatics, Semantics, Syntactics），即语构、语意、语用。

对于符号的识别　　　　对于符号意义的理解　　　　对于符号的应用

图 2-31
语构、语意、语用

根据莫里斯的理论发展，符号学研究的第一层次是语构，也就是符号自身，符号的能指与所指形成语意，主要研究的是语言结构的形式特征，符号之间的关系。语构学研究的是符号本身在整个符号系统中的相互关系和规律，与意义无关，也被称为符号关系学。

第二层次是语意，也就是语言符号所包含的意义，主要研究的是符号和意义之间的关系，或是指称符号与指称物之间的关系。

第三层次是符号的解释，即语用，主要研究符号与符号的阐述者之间的关系，更多地包含符号的接收者的反应以及话语的使用情境。主要针对的是语言符号应用环节的研究。

经过这些研究，我们这样归纳，产品语意学是研究人造物体的形态在使用环境中的象征特性，并且将其中的知识应用于工业设计的学问。产品语意的设计是运用符号、设计构思来构建想要的、有意义的人工物符号形象的设计活动。"语义"主要指信息所对应的现实世界中事物的含义，多指代此类研究学科。"语意"一词则更着重于产品符号所传达的形式意义。因为在英文中都出自 Semantics 这个词，所以中文中这两个词通常没有明确的界定，我们所注意的是设计语义通常指研究学科，而设计语意则通常指具体设计传达的意义。

图 2-32　Ross Lovegrove 所设计的纯净水瓶

　　案例：Ross Lovegrove（罗斯·洛夫格罗夫）为 Ty Nant 天然矿泉水设计的透明瓶包装

　　罗斯使用全新的 PET 包装将水流曲线应用在包装瓶设计中，使其看起来不是把水装在容器里面而是纯粹的水，仿佛是当泉水喷涌而出时，将水流凝固在了半空。

第三章 文化传播与语意传达原理

事实上，产品符号的意义来源于用户的认知与解读，是体验和发现的，是知觉真实的感知。对于社会知识的缺失常常导致设计师无法将其思想、观念完全转化为公众能够译读的设计符号，在设计师的编码与消费者的解码中存在相当的不确定性，研究认知方式，了解消费驱动和认知过程能够有效地避免设计的盲目性。

产品符号最终要为用户所感知，这个过程是由设计师所构建的传达信息被用户理解并作出反馈的精妙过程。作为产品，在语意传达中常常是感性和朦胧的，这种不确定性，要求设计师必须清晰了解设计传达的前后关联。

产品设计是要在设计师和用户之间建立"共有常识"，并在对造型要素的意义概念和情感概念理解的一致基础上分别进行"编码"与"解码"的。产品的造型设计是一种创新性活动，每一种新的产品造型就意味着含有一定的新的形式意义，产品符号设计必须尽可能地使造型形式所传达的意义建立在独创性和可理解性的最优选择的基础之上。

编码者（设计师）和解码者（用户）在内涵形式功能和外延情感意义的理解上必须达成平衡、一致，在设计创新中，要求设计师在创新形式、理解传达和产品本身的要素中寻求平衡。

3.1 认知的构成

人的理解是在所收到的复杂符号的总体上加以"完型"（格式塔）的，即是将已有的知识投射到新得到的信息之上。用户对于一个产品的期待和要求并不是单纯的新颖形式，也不是一个好用、可靠而无创新的旧派产品，我们并不应当把产品设计简单定义为形式创新或者功能创新。另一方面，新的信息和认知方式是不断发展的，人对于各种知识的不断学习，让用户对于产品设计符号的理解也在不断进化和多元化，这些都是设计师理解用户需求和理解设计之中很重要的环节。

当一个产品的造型设计全是由人们的知觉定势所完全理解的符号构成，那么，该形式设计就会因为能被人们所熟知、所理解而使审美主体失去审美的兴趣，最后导致造型设计的失败。而且，如果对形式与语意的联系规定得过于直接、简单，那么，就会使语意失去精妙。

在设计语意的传达中，信息往往并不只是物所传达的单纯的形式感，事实上，更多的是对于情境的传达。在设计中，设计师应更全面地揣摩用户使用情境，将设计意图植根在用户体验中，也是更人性化的设计的大势所趋。恰当的形式，在有效地用于用户情境时这是符号有效传播的保障。

3.2 用户对符号的认识

要理解用户的目的、需求、情感与价值。注重从用户出发，设计符号的意义结构必须是可以理解的。设计师首先要掌握用户使用情境的可能情况，符号使用的情景也必须被用户所掌握。

用户的理解不仅仅涉及社会的和情感的知识，感觉和知觉也是理解产品符号的必要的真实的途径。注重从用户出发，也要关注用户在接触产品符号的时候的直接感受和经验，把握用户的本质。现象学强调人们对于符号物的知觉、体验和真实的感受和经历，了解用户基于身体经验而形成的符号认识和具体的产品现象感。

解码过程是传播心理学中人对于意义的解读。信息通过产品传达给用户，而用户通过对于产品符号的直觉感知，经历了从感觉、知觉到概念思考的一系列过程，涉及用户感知的自然科学的规律性的问题。

案例：Vespa——从《罗马假日》到现代电动车
意大利的 vespa 是一款经典的摩托车，在"二战"后由飞机设计工程师 Corradino D'Ascanio 设计。它轻巧的车身和圆润的外形给人一种独自悠闲的语意感受，它被记录在电影和书籍中，它成了战后意大利的文化符号，仿佛可以看到周末时候，大批的意大利年轻人骑着 vespa 到郊外去游玩的场景。vespa 经过不断地演绎，形成了很多进化版本，也开发出了很多周边产品。今日在中国街头可以看到很多模仿 vespa 的电动自行车（俗称小龟），它仍然在年轻人中风靡。可见符号的意向核心可以被传播，并且不断演绎，而符号本身的含义是可以被辨识的。

图 3-1
vespa 的不同设计演绎版本

3.3 对信息进行加工处理的流程

当信息通过感官输入，人们通过大脑对信息进行综合处理。用户对信息的感知，从自然科学来看，实际上与人的多个感官和大脑的运作有关。

人通过多个感觉器官在大脑的协调下获取外界信息，这些感官分工明确且协调工作，由大脑对各类信息进行综合处理。这些信息不仅被记忆储存，也会在头脑中与过去储存的信息加以综合、比较并作出判断，同时产生联想和记忆，形成对外界事物的不同理解。人们的感觉和知觉是后面的心理活动和实践活动的基础，同时也影响和渗透这些活动。从认识论的角度看，人的感性认识是相互联系的、循序渐进的，该过程包含三种形式，即感觉、知觉和认知。

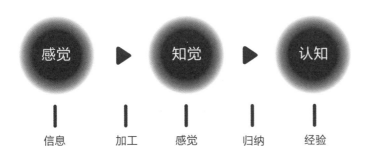

图 3-2
所示信息加工的处理流程

3.3.1　感觉

人对于事物的认识直接作用于感觉器官，首先从感觉开始，它是最简单的认识形式，利用感官获得较为直接的印象和意义，这就是感知。

感觉是人关于世界的一切知识的源泉，是感性的第一表征。依靠不同的人体感官，可将感觉分为视觉、听觉、嗅觉、味觉和肤觉五种类型。用户通过眼睛、耳朵、手等多个感官来直接接触设计物，感受设计物的属性，分辨颜色、声音、软硬、粗细、重量、温度、气味等。感知的产生主要来源于感觉器官的生理活动以及客观刺激的物理特性，利用感官，我们能直接获得产品感官印象，这是一个感知过程。

3.3.2　知觉

知觉是在人的经验、历史文化和目标意愿的基础上对感觉信息进行综合并赋予其意义。

知觉是大脑对于直接作用于感官的客观事物的整体属性的反应，而非个别属性，是对客观事物表面现象或外部联系的综合反应，能为主体提供对客观对象的整体印象。知觉建立在感觉的基础上，与感觉相比，知觉具有不同的特征。知觉是建立在对客观事物的感觉上，依据主观经验来判断、推论、理解事物的过程。

知觉是一种推断和理解的过程，它是对于各种感觉的概括，知觉是对不同感觉通道的信息进行综合加工的结果，而所获得的信息越多，所形成的知觉印象也会越丰富和完善。

所以知觉表现个体主观的一面，有不同的认知结果、个体心理特征、主观因素，如在需要、动机、兴趣、情绪状态等影响下产生，人的知识背景对于各种认知的影响很大。

案例：罗斯·洛夫格罗夫（Ross Lovegrove）为 Danerka 设计的 Go Chair。

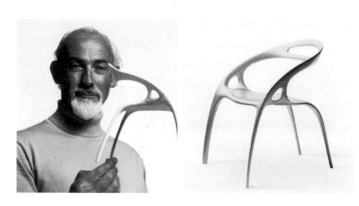

图 3-3
罗斯·洛夫格罗夫和他设计的 Go Chair

产品与休闲·文化传播与形态语意设计

3.3.3　认知

粗略地说：人脑接受外界输入的信息，经过头脑的加工处理，转换成相对内在的心理活动，进而支配人的行为，这个过程就是信息加工的过程，即认知过程。其中，产品语意的认知则是整个过程的核心。

设计师从专业角度理解用户对于符号信息的理解和认识，进行产品的符号的设计，产品信息经过各项感觉传达到人，人对于符号信息进行解码、诠释，进而采取行动。接受外在的刺激，作用于人的感官的产品的认识作用以及信息加工（获得知识）的过程，就是产品符号的认知。

设计符号中感性的知觉感知和理性的意义关联是彼此结合的，这有助于提升意义的传播和认知效果，并且使用户较快地建立符号的印象。

案例：查尔斯·伊姆斯（Charles Eames）所设计的 Elephant（大象椅）

该座椅于 1954 年由 Charles & Ray Eames 夫妇为自己的小女儿而设计。

大象椅利用曲板制作，其造型夸张的大象耳朵充满着幽默感，无疑是现代经典家具之一。大象椅用抽象的板式形态概括了大象符号，2008 年 Plywood Elephant 正式革新，以彩色塑料呈现，共五种颜色可选择，以塑料制造的大象椅除质量轻巧、易于清洁之外，也可于户外使用，大象造型非常传神。

图 3-4
伊姆斯和他设计的大象椅子

3.3.4 产品符号的认知过程和规律

设计师在进行产品符号设计的时候，必须考虑到用户对符号信息的反应和认知的过程以及负荷。产品信息一般是通过产品符号表现的。用户在接受信息的时候，产生的解码过程通常为：①信息来源，对信息的诠释。②参照认知经验，进行理解和评判。③采取对信息反应的行动。这里讲的认知（cognition），指通过心理活动（如形成概念、知觉、判断或者想象）获取知识。在学习研究中，应当区别认识认知、情感、意志、体验。认知经验是在人脑中的主观印象，它的形成有这样一个过程。

（1）采集信息来源。

（2）脑中对信息的诠释。

（3）分析其内容含义是否符合个人认知的条件。

（4）开始酝酿程序。

（5）采取对信息反应的行动。

（6）反思经验的形成。

在人的认知经验形成过程中，任何一个环节如果受到打扰，那么认知经验则会被不正确地形成，这也可以解释为每个人对于同一事物的认知不同，但是人对于普遍事物有一定的通识，比如自然、山川、河流等通常给人类似的认知感受，所以，对于事物的认知既具有社会性的雷同，也具有个体的差异。

案例 1 ：由 elecom 和 nendo 合作设计的"oppopet"系列无线鼠标
每个鼠标都配有一个小动物尾巴形状的无线接收器，通过形态模

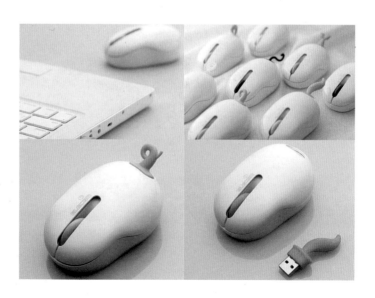

图 3-5
日本设计公司 nendo 设计
的鼠标

拟，让人联想到鼠标变成了小动物。现阶段生产的动物鼠标包括狐狸、狗、海豚、猫、猪、松鼠、蜥蜴和兔子。nendo 是由日本设计师佐藤大于 2002 年设立之日本设计工作室，近几年在国际上屡屡获奖。认知经验在他们的设计中起到了关键作用，动物的拟态语意通过小尾巴进行暗示。nendo 团队的设计中经常使用语意设计技巧，在书中提到的卷心菜椅（Cabbage Chair）也是他们的杰作。

用户对产品的认知过程极其复杂，但也有线索逻辑。产品，或称事物，总是通过自身的外在和机能结构散发出明示或者暗示的意义。感官将所捕捉到的信息在感觉的基础上形成对于事物的感性认识。用户经过对于事物的判断、记忆和学习思考等过程，将符号语意进行加工、解码、存储、提取、使用，完成对产品符号的认知过程。这一过程是从感性到理性的形成经验和知识的过程。感性认识，即在认识的过程中，作用于人的感觉器官而产生的感觉，知觉和表象等的直观认识，即感官经验的具体表现。因此，感性认识是认识过程中的低级阶段。要认识事物的全体、本质和内部联系，必须把感性认识上升为理性认识。

经验记忆在认知过程中有很重要的作用，在直觉上升到理性的过程中，经验是对于产品内在和外在联系的反映。产品语意就像语言一样，是在不断地扩展的，存在一定的逻辑和语法，并且与其他信息要素不断地发生关联。

对于用户而言，"关联联想"是串联该逻辑的一个要素，不断的来自产品的信息刺激与关联性的事物或者关联经验感受相比对，这些感受片断会在短期或者长期使用中累积，并让人对于"物"作出判断并引导行动。

在认知过程中，意识所串联的相关信息是系统化的，是将当前感知的产品的特性进行选择、整理、加工，也是将过去的与此类产品符号有关的经济、社会、技术因素串联起来，这些关联在人脑中形成信息网。

案例 2：日本设计师坪井浩尚（Hironao Tsuboi）设计的 Lamp/Lamp（电灯 / 电灯）

我们对于灯泡的认识就是灯的一部分，我们并不会注意它。这个设计让灯泡脱离人的固有印象，与认知经验产生反差，当灯打开发光的时候，灯泡就有了一种"从幕后到台前"的神秘感。Lamp/Lamp 给灯泡新的价值和吸引力，让灯泡本身变成了灯饰设计，产生这样的反差正是合理利用了讽喻的符号设计修辞。

图 3-6 日本设计师坪井浩尚（Hironao Tsuboi）设计的 Lamp/Lamp（电灯 / 电灯）

　　人对于外在的感性判断是有选择性的，因为外界对于人的刺激不同，人依赖不同感观所形成的注意力也因此而形成不同焦点。以视觉为例：80% 以上的外界符号信息由视觉获得，因此视觉是人或其他大多数哺乳动物最重要的感觉。视觉最重要的特性包括颜色视觉、明度视觉、运动视觉等。

　　对一般人而言，视觉由明度和颜色感觉组成，不同的明度和颜色感觉，也会有不同的专注感受。对人眼的研究，一般涉及光感受器、视网膜、眼动轨迹、瞳孔变化、视敏感等多个生理概念，正是这些生理过程帮助形成了整体的视觉感知机制。通过视觉形成感知，让用户对产品有形象化的认知。视觉受损的人，需要通过其他感知去补足对于事物的理解。

　　用户的知觉判断是建立在经验基础上的，而这些经验是依靠人的不断认识、学习得来的，所以，不同时期产生的判断也会不同。这就是说，人的判断常常与理解力绑定，理解力是能够不断学习的，而对于设计师来说，传达可以被更好地理解体悟的信息是非常关键的，人的感觉是依靠多重的刺激形成的。

产品与休闲·文化传播与形态语意设计

图 3-7
雷蒙德·罗维的可口可乐
瓶子设计

案例 3：雷蒙德·罗维（Raymond Loeway）设计的可口可乐瓶

这款可口可乐饮料瓶是依照女性的身体曲线所设计，透露出了优雅和健康的表现张力，这也是应用人的知觉经验的典型例子。

案例 4：查尔斯·伦尼·麦金托什（Charles Rennie Mackintosh）和苹果公司的麦金托什计算机

史蒂夫·乔布斯非常喜欢麦金托什的设计，他在新一代苹果电脑开发的时候就将其取名为麦金托什。从语意上看，苹果麦金托什台式电脑形状是较高、窄窄的方正形态，正能传达出麦金托什的格拉斯哥派的特征，有一种现代主义建筑美感。

图 3-8
麦金托什和他的椅子设计

图 3-9
乔布斯和他带领开发的麦
金托什电脑

案例 5：苹果公司的产品与博朗公司的产品对比

　　乔纳森·艾维在英国完成设计学习后到美国苹果公司仼职，他所传承的是 Braun 公司的简约实用的设计风格，如图 3-12 中博朗的收音机与苹果的 Ipod 非常近似。Iphone 的键盘设计看上去参考了博朗的计算器的经典圆形按键。

图 3-10（左）
乔纳森·艾维
图 3-11（右）
迪特·拉姆斯

图 3-12
左侧是博朗品牌收音机，
右侧是苹果品牌 iPod

图 3-13
左侧为苹果公司的 Iphone，
右侧为博朗计算器

第四章　形态语意的传达模式

4.1　传达的要素

根据现代传播学观点来看，信息传播的三个基本要素是：发送者（sender）、接收者（receiver）、讯息（message）。

香农（Claude Elwood Shannon）和韦弗（Warren Weaver）的著名的传播模型的基础：在一个表示意义传达的模型中，一个发送者向接收者发射一个讯息，反之，一个接收者从发送者那里接收一个讯息，这个过程完成。讯息所构成的一个发送者和接受者都能理解的符号系统，在符号理论中被称为符码（code），对符码的理解主要与接收者的文化与意识形态背景有关。

符号理论中的"语境（context）"，是指一个能够被接收者所把握的使用情境，它涉及接收者的心理性、社会性和文化性因素。罗曼·雅各布森的传播模型中主要阐述的"符码"（code）和"语境"（context），是语意有效传达需要的两个必要条件。

符码的发信者向收信者发送一个讯息，要保证讯息的有效运转需要一个可以为接收者把握的语境。一个符码，完全或者至少是部分地为发信者和收信者共享，在发信者和收信者之间产生物质或者是心理上的关联。

在工业产品设计中，利用语意进行合理的传达，借助产品的设计向外部传达设计意图，并得到用户的反应。产品的形态是产品语意的传达，也是产品实用功能的呈现。产品的形态的发掘和提炼也可表达产品的精神意图。所以，优良的产品语意传达设计，不仅应当考虑产品语意的沟通、符号的传播，也要考虑产品语意的外显意义，同时必须为产品语意设计注入精神内涵。

语意的传达设计包含从语意传达目标的确立到产品目标意义传达的整个过程。主要有以下四个方面：

（1）设立产品的传达意图和目标；

（2）确立语意传达的背景；

 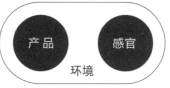 

图 4-1　产品从设计者到消费者的关联

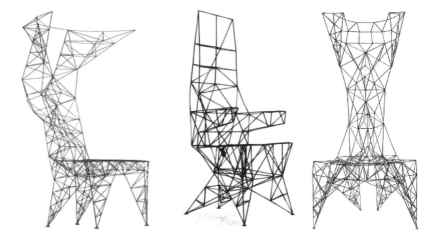

图 4-2

汤姆·迪克森设计的 Pylon
Chair 椅子

（3）产品语意要素的提炼和整合；

（4）将语意组合形成系统。

案例：汤姆·迪克森（Tom Dixon）设计的 Pylon Chair

汤姆·迪克森（Tom Dixon）在 1992 年设计的 Pylon Chair 造型椅，以创新的铁丝架构出具有新古典味道的小型扶手椅。此设计突破了传统设计的固有形式，用类似工业机械的形式语意创造了新的椅子样式。

4.2　意义的形变

在语意传达过程中，意义会发生变化，不同的设计也会导致不同的传达效率，在不良设计中，意义通常会被曲解，导致传达障碍。同时，在不同的语境下，意义也有可能会被歪曲，所以语境的统一性也是语意传达的必要因素。

设计语意传达的障碍包括这样几个方面：

（1）语意的传播人的意义不一定能够得到非常良好的表达。产品的外显并未如设计者预想的那样准确传达；

（2）解读者因为文化背景、理解能力的不同也会形成差异。设计语意的内涵，因为不同的社会背景等因素，会造成不同的语意理解，比如在不同的地区文化下，同样的竖起拇指的手势会有不同的理解；

（3）在不同的情景下，对于传播行为会产生直接或间接的影响，这些外部因素包括传播条件、传播因素，如时间、地点，广义还包括社会文化环境。

作为设计师，应当注意语意传达的实际关系，力图回避或者优化语意传达的过程。

案例："Louis Vuitton Trunks & Bags"

Marc Jacobs 设计的 LV 编织袋远看与中国的低成本的塑料编织袋类似，甚至可以说如出一辙，塑料编织袋本来是低收入人群生活中习以为常的物品，在大品牌的包装下，印上品牌 logo，瞬间登上时尚舞台，成为带有后现代时尚的奢侈品。不同的语境下，同样的语意符号可以产生完全不同的效果。这不仅仅是外观的直接解读，而且是综合了社会含义、品牌价值的文化的再反思。

图 4-3
LV 品牌时装秀

图 4-4
中国农民工所使用的编织袋

4.3 认识产品、消费者、设计师三者的关系

设计师通过设计手段，在使用者和产品之间建立沟通模式。只有在充分理解用户心理模型的基础上，设计师才有可能有效把握从产品设计到消费者接受的整个过程。

在三者之间的关系中，设计师通过设计手段表现产品的外显因素，使用者通过相关的视觉认知来解读和理解产品。

使用者会操作、使用产品。产品作为一种硬性或软性界面，必然与使用者发生物质或心理互动，用户会根据使用体验，作出反馈。对于操作成功或者失败，用户会作出相应调整以适应产品。在此过程中，用户记录认知经验，并开始更加深入地理解产品，有可能调整使用方式，甚至完全采用新的使用方式。

产品是组成生活环境的重要因素，在多次使用产品之后，用户会形成生活习惯，进而影响消费习惯。长期积累，逐渐形成了社会风潮和审美特性，泛化成一种习俗性的价值观。

从传播的角度看，让设计师缩小与消费者认知的差异，是使设计更能适合用户的一个途径。设计师的产品设计活动，与消费者对于产品造型的认知活动，都是建立在对造型要素的意义概念和情感概念理解的一致性的基础上，即双方所同时具有的共有常识，而分别进行编码和解码的。

设计师应当考虑以消费群体的文化背景作为语意设计的基础。设计师要了解社会动向，体验目标消费者的生活细节，在调研中，应当对典型消费人群进行深入分析。设计活动是设计师根据客观目标，主观地对于目标所展开的策划性活动。

图 4-5
产品、消费者、设计师三者的关系

案例：Play Pumps

Play Pumps（玩耍水泵）是南非的一个项目，主要致力于为非洲的儿童及他们的家庭提供干净的饮用水。Play Pump 系统一般建在社区学校附近，利用孩子玩耍旋转木马所产生的动力从地下 40 米抽出清洁的水储存在储水水塔里，而水塔的四面分别贴着广告——教育及健康方面的宣传画，广告费用于补贴水泵和水井的维护。设计者希望设计一种兼容娱乐和实用的可持续的创新模式的产品。这个设想很好，但是项目结果却出乎意料，几乎没有达到给当地供水的目的。

经过测试，抽满一桶水，Play Pump 需要花费 3 分零 7 秒的时间，而当地的传统水泵呢？只需要 28 秒。根据计算，想要达到设计的满足 2500 人日均饮水需求，需要孩子们每天玩"27"个小时！所以，这一设计的传达显然没有能很好地到位。所以，此设计将娱乐性放置在了超过实用性的位置，用户也会误解。

安装者在没有与当地人交流、征求意见的情况下，直接将旧的水泵拆除，换上 Play Pump，然后向村民们解释了这一设备有什么样的好处。事实上，当地人并不能理解这个设计的目的并按设计者的意愿去使用，大多是儿童玩一阵子就再也不去碰它了。所以，在设计者、使用者之间出现了断层，而这会直接导致设计的失败。

图 4-6
Play Pump 使用现场

4.4 编码与解码

4.4.1 符码

特定的符号系统被称为符码（codes）。符号是人类文化的载体和表现，语言、专业知识、特定文化、年龄阶层，这些都可能成为人们沟通的障碍，我们必须共享这些符码才能消除这种隔阂。

对于符码的分类，可以界定为先天性符码和后天性符码。

先天性符码来自于人的自然心理。在日常生活中所涉及的符码，某些是人一出生就能理解的，这类符码是被编码在基因中的本能，它对应的是广泛应用在设计领域的心理学研究。

后天性符码是指人在出生之后具有的认知学习能力，人对于符码的认知受到周围环境和个人因素的影响，也受到教育、经验、社会文化等影响。

4.4.2　语境

语境也可以称为文脉（context），是对于产品使用环境的认同和重视。语意并非脱离语境而存在，在设计的同时不仅应当考虑产品的语意形式，也应考虑产品所处的历史传统、自然状态、社会现状、生活艺术等语境因素的影响。

设计师是产品形式的创造者，同时也是信息编码者。设计师在设定了消费者信息传达的目标后，通过形体的结合，线条的变换，色彩、材质的搭配等等为人直接感知的形式要素的运用乃至整体的空间构成。

4.4.3　编码

设计编码就是将源概念信息按照特定的规则转换为一种特定的设计符号（符码或代码）并使它能够在后面被还原。设计师是产品符号形式的创造者。

根据皮尔斯的理论，编码的途径可以分成图像、指示、象征三类。设计师作为编码者，可以依赖这三种途径形成编码的方法体系。

唐纳德·A·诺曼（Donald Arthur Norman）的《日常事物的设计》（Everyday Things Design）中，提到了如何评估产品的 Visual Presentation（视觉表现力），这种信息传达可帮助用户了解产品应该如何被使用，也就是产品的可用性和易用性表达。

在诺曼理解的三个产品维度（本能、行为、反思）中，探讨了怎样为产品提供妥善的设计去传达产品的信息，也就是说，要求设计师从人的心理认知领域去研究工业产品设计中对于从生理到心理的多层面的易读性传达。优良的设计，应当从多个维度去考量产品的人性化传达和使用。

4.4.4　解码

解码就是将接收到的符号信息转换为信息意义。这一过程是在人

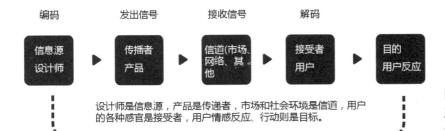

图 4-7
产品语意编码、解码传达
模型图

们的大脑中进行的，接受者按照已有的知识和经验把符号解释为信息意义。

对于产品符号的理解，使用者一般要经过感知符号、阐释含义、理解意义三个步骤来完成。理解会因为每个人的不同而不同。

设计师根据一定的经验性的形式手法，选择特定的造型符号进行编码。设定某种模式，强调以形态、色彩、质感等要素的类似性和相异性来增加产品的注目性和吸引力，并适时传达所产生的各种信息——设计的概念、外显的功能信息、内涵的其他信息，甚至种种只可意会的情感，并组成特有的语意结构，成为一种产品语言。

如图 4-7 所示，从编码的信息源发出信号，信号会以产品作为传播载体，进入到市场流通渠道，再到达接受者也就是用户方进行解码，通过用户的使用形成反馈信息，再影响信息源本身。

4.5 形态语意传播的影响

4.5.1 消费者语境

如图 4-8 所示，我们可以大致认为，语意的有效传播受到几方面的影响——用户自身因素、用户个人的传达、用户所处的传达语境以及外围的传达要素。

语境主要指符号设计编码和意义认知编码的社会文化语境，它是设计符号形式赖以生存的社会文化形态。语境中最主要的是产品所处的物理环境，包括空间物理环境、氛围，产品自身特性或与周边的互动特性。

产品所处的外部环境就是用户所处的语境。产品、用户与环境构成了统一的整体。用户自身因素主要包括个人特征、文化影响、形势因素。用户个人的传达主要包括美学印象、语意交互、符号体系，同时应当考虑影响因素和行为因素以及外围相关的生产者、产品、感知因素。在为市场开发产品的过程中，应当综合考虑用户语境，也就是将人自身、人的社会群体以及历史文化结合起来思考。

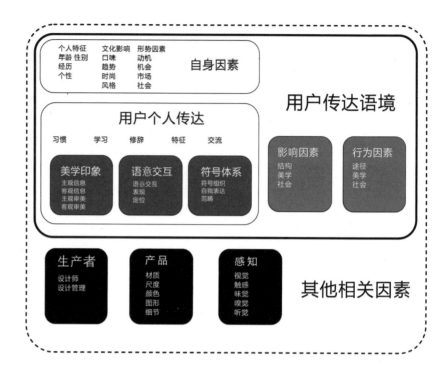

图 4-8
用户传达语境说明

4.5.2　认知基础的差异

如图 4-9 所示，有半杯水，有的人看到后会说只有半杯水了，而有的人则会说还有半杯水。我们可以发现，每个人对于外界同样的事物的理解和反应是不一样的。产品设计应从用户出发，了解人因特点，作有效的市场调研，形成有吸引力的使用体验，更好地利用媒介进行传播。

不同的人对于同样的外在信息的理解是不一样的，所以反馈也会不一样，设计产品作为一种社会行为，设计师必须理解目标消费者，也就是编码和解码的过程必须非常对应，才能设计出被市场接受的产品。

在心理学研究中，用户将已有的认知经验应用在对于新事物的理解中，从而触发行为动机，这就是"经验转移"。"经验转移"是指一

图 4-9
对于同一事物的不同认识

种认知的惯性，也代表行为的惯性，比如习惯的手机按键的操作模式，换手机的时候会觉得非常不适应。同样的比较，如果是同一品牌手机，手机的操作模式是连续的，与使用者的认知经验匹配，那么使用起来就会很习惯，这是一种积极地考量"经验转移"的设计。

日本设计师深泽直人（Naoto Fukasawa）在他的"直觉设计"理论中认为，好的设计应当简单，符合人的固有习惯。博朗前首席设计师迪特·拉姆斯（Dieter Rams）也在他的设计十大原则中认为，"好的设计应该让设计可理解"（Good design makes a product understandable）。心理学研究中的 affordance 是 afford（提供、给予、承担）的名词形式，环境的 affordance 是指这个环境可提供给动物的属性，无论是好的还是坏的，所以，我认为"可供性"是一个合适的翻译。这是吉布森（James J. Gibson）造出来的一个词，Gibson 是20 世纪最重要的认知心理学家之一，他的生态学知觉论和直接知觉为认知心理学开辟了新的领地。借助 affordance 在设计心理学中的研究，设计师认识到了给予性在设计易用层面的重要性，这也是用户与产品符码传达效率的理论基础。

案例：刘传凯（Carl Liu）的设计作品"凳 + 几 + 架"

这个作品的设计参考了中国古代的脸盆架，除了是平时使用率最高的凳子，也可以将座面翻转成果盘或零食盘，下雨时则是放伞的伞架，一凳三用，通过简约的线条，传达出古典家具的印象。该作品参加了"坐下来"2012 米兰中国当代坐具展。

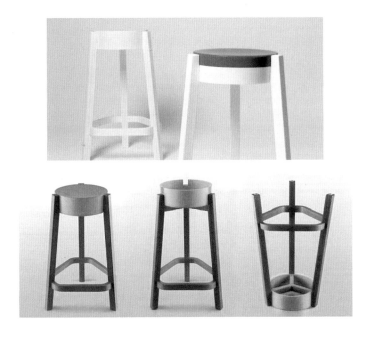

图 4-10
刘传凯的设计作品"凳 +
几 + 架"

4.5.3 消费动机

人的行为是受到动机的指导所致的结果。动机的产生从主观内因来看与人的生理机能有关，也和人的知识结构、经验、思维方式和情感有关。动机所牵涉的因素较多，作为产品，在商业市场上的意义，更重要的是销售结果。与消费者直接相关的就是销售动机。一些外围因素对于消费动机的影响也非常大，比如时尚流行、经济与社会基础条件等。

消费动机的背后隐藏的是用户对于产品使用的需求，所以，抓住特定消费人群的购买需求是在商业上抓住消费动机的根本。

4.6 产品形态语意设计中的要点

我们必须认识到，产品是用户和设计师之间的媒介物，基于用户心理学的设计应用要求主要抓住三个方面：直观感觉，尤其是视觉印象；行为操控的感觉与功能；内涵与文化的反思作用。

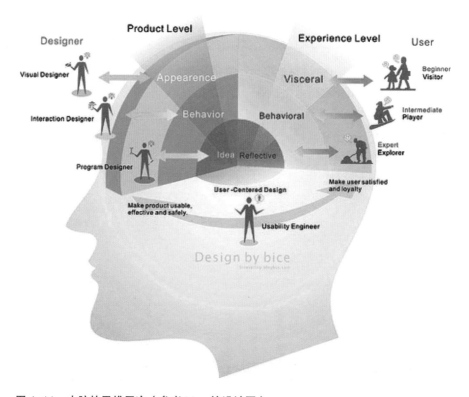

图 4-11 大脑的思维层次（参考 bice 的设计图）

图 4-12
男孩、女孩喜爱的不同物品

4.6.1 人的情感规律与视觉印象

本能感受往往是最直接吸引人的。本能感受作为一个浅层诉求，是第一满足的设计要点。本能感受的抓取不需经过太多训练，而是顺从经验感知。我们看到图 4-12 上男孩子和女孩子在自然喜好上就会有不同，这是一种本能的天性使然。

一些信息通常与正面的本能情感有关，比如明亮的地方，温暖、舒适的地方，温和的气候，香甜的味道和气味，明亮的、高度饱和的色彩，抚慰的声音及简单的旋律和节奏，悦耳的音乐和声音，爱抚、微笑的面孔，有节奏的拍子，漂亮的人，对称的物体，圆润平滑的物体，有美感的知觉、声音和形状。

一些信息通常与负面的本能情感有关，如高处，突然的巨大的声音或明亮的光量，"阴森森逼近"的物体，太冷或太热的环境，剧烈、黑暗的环境，过亮的光线或太大的声音，空旷、平坦的地带，拥挤的地带，拥挤的人群，腐烂的味道和腐烂的食物，苦味，粪便，臭味，尖锐的物体，刺耳的、意想不到的声音，摩擦声，不和谐的声音，畸形的事物，令人害怕的生物。

图 4-13（左）
信息引起的正面情绪
图 4-14（右）
信息引起的负面情绪

4.6.2　产品的自明性和易用性

产品通常是需要实际操作使用的，所以行为体验是产品设计的重心，行为体验的研究要求量化分析，进行测试和比对。在设计中，要求设计师亲身尝试，推敲，进行草模比对。

案例 1：Wii 的使用体验

图 4–14 中年轻人或老年人使用的是 Wii 任天堂游戏机，这种游戏机强调亲自动手去玩，所以玩游戏的方式与平时真实玩游戏的方式是一致的，产品简单、好用，即便是老年人也能马上学会。

案例 2：这款椅子是汤姆·迪克森（Tom Dixon）设计的"S"椅子

该座椅是汤姆·迪克森于 1988 年为意大利顶级家居品牌 Cappellini 设计的作品，弯曲的无腿结构和雕塑般的形态使得"S"椅迅速成为经典。"S"椅在轮廓上极似"潘顿椅"，但它们的材料与工艺

图 4–15
各类人群使用 Wii 玩游戏

产品与休闲·文化传播与形态语意设计

图 4-16　汤姆·迪克森（Tom Dixon）设计的 "S" 椅

完全不同。迪克森在 "S" 椅上使用了草编，这非常容易让人联想到自然形态的或是可再循环的物品。它缠绕在金属框架上，用传统的材料和手法创造了单体延伸的形式，这个形式有着高度的原创性与显著的时代特征。这把椅子暗示了有机形态的广泛的种类，从每个角度看，椅子的形态都在改变着。迪克森的设计力求远离工业化生产系统，探索设计中随机创造性的潜力。

4.6.3　加强内涵意指和人文价值的体现

文化反思是延长产品生命周期的重要方式，产品的巨大附加价值也存在于此，要求设计师增加文化素养、社会学素养，将设计美感、实用性与文化质感综合在产品中。

案例 1：我们看到图 4-17 所示为 Tools Design 设计的 Eva Solo Cafe Solo

图 4-17
Tool Design 设计的 Eva Solo Cafe Solo

案例2：in-ei 灯具系列

    三宅一生（Issey Miyake）为意大利灯具品牌 Artemide 设计的可折叠的"in-ei"（阴翳）灯具。在日语中，"阴翳"的意思是"阴影"。他的设计根植于日本的民族观念、习俗和价值观。他本人拥有现代设计的世界眼光。

图 4-18
三宅一生和他的灯具设计
"in-ei"（阴翳）

第五章　人文的语意形式表现

5.1　以社会文化为基础的语意

　　语意作为社会视觉信息体系的一部分，比语言体系的构建更为复杂。黑格尔（G.W.F.Hegel）说过，"颜色是观念的"。视觉信息以其语意的指向来暗示含义，而这种含义是被观念化的社会认识。

　　社会是语意的基础，语意作为约定的符号释义，是以社会方式传播的。大众文化来自于人的社会群体，同时，文化也影响人，所以语意在不断的进化中深受社会文化的影响。

　　传播是社会文化语意的存在形式，社会规则、意识形态，无时无刻不影响着社会的传播。随着电子媒介的兴盛，传播的速度和广度都大大增加，新的传播形式也层出不穷。

　　案例 1："瓦爿墙"

　　2012 年普利兹克建筑奖获得者王澍和他在建筑中使用的"瓦爿墙"，以构成的方式探讨了中国印象在建筑中的意象表现。这种"瓦爿墙"成了视觉的文化符号。

　　符号具有社会性，单个人的经验和认识受到社会中的群体认识的影响。当符号进入社会后，每一个符号就获得了在特定时间点的内涵

图 5-1　建筑师王澍与他设计的中国美术学院象山校区建筑

意义。当这种内涵意义变成社会公认的知识时，则形成认知规则，更多的人的认知会加入进来，从而让这种社会性认知很难被撼动或者改变。符号的意义价值通常必须在传播中体现，这也是语意传播被社会公认的基础。

案例 2："望京 SOHO"

扎哈·哈迪德建筑事务所（Zaha Hadid Architects）设计的"望京 SOHO"由两座高度最高达 200 米的塔楼组成。这两座塔楼相互形成一定的角度。

图 5-2
扎哈·哈迪德设计的"望京 SOHO"项目

案例 3："Y"形椅

图中左侧的椅子是丹麦著名设计师汉斯·维格纳（Hans Wegner）设计的"Y"形椅，他的灵感来自于右侧的明式家具的优雅线条，这是一种文化在人心中的印象。带有文化意味的符号经过提炼、改造，可以创造新的文化符号。

1949 年，汉斯·维格纳设计了著名的 The Round Chair（圈椅），都是由 Johannes Hansen（JH）生产。

图 5-3 （左、中）汉斯·维格纳（Hans J.Wegner）及其于 1949 设计的"Y"形椅；右图为明式圈椅

图 5-4
The Round Chair（圈椅）

5.2 文化的编码与解码

在日常生活中，通常消费者对产品的认知所产生的经验、记忆、价值判断等形成了他们对产品的内心印象，在这个过程中，往往是感性的。用户通过自己的感受，去理解设计师所表达的意图和情感，这能促进用户更好地应用产品。

如同语言一样，语意设计的传达经常是建立在模棱两可的多重意义以及复杂的隐喻之上的。

当这种印象与消费者的文化背景、知识、经验、喜好结合时，就会构成消费者对这件产品产生的感性意向空间，由于消费者对于产品的认知是多角度的，因此该空间通常是一个多维度的感性意向空间。该空间通常可以通过认知实验或者市场信息挖掘的方式获取，也可以通过感知信息广告牌等图形化的方式进行表达。

图 5-5
台湾设计师 Pili Wu 设计
的 Loop Chair

案例：Loop Chair

台湾设计师 Pili Wu 设计的 Loop Chair 将明代家具的片段与市井的塑料凳结合，运用讽喻的手法强化两种意向的冲突。

5.3 设计的文化标准

符号是一种编码方式，在符码的解读中，主观感受影响人对于信息的理解，而长期的地域性的文化必然会影响每一个人对于事物的判断。

文化是有共通性的，同时，语意的解读是有文化局限的。文化与产品的关系在各个地域人类的发展历史中都是极其紧密的。地域文化通常表现在物质和非物质的多个方面。在文化的传达上，设计师不仅从形态、色彩、材料等产品本身，同时也从社会意识、传统观念、审美意识等抽象方面进行设计。优良的设计能够把传统的文化和情感与现代技术作适度的连接，使得文化有很好的传承，并能形成富有魅力的本地特征。文化层面的设计可以如此衡量：①产品能否让使用者体验对于文化与自然环境的感受。②是否适应本身的地域文化特征。设计师为了在技术操作认同的基础上，进而达到文化的认同，往往会在本身的传统地域文化中寻找原创的文化灵感。

案例：可移动的台灯设计

如图 5-6 所示，我们看到是一个台灯的设计，这个台灯因为使用可以移动的能源，所以它可以被拿来拿去，这符合古代油灯的使用行为，也暗自契合了油灯的随意摆放的功能。这是一个与文化暗合的经典设计案例。

We love china
We are learning her.

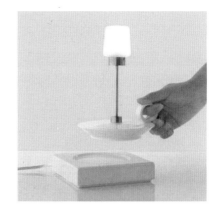

图 5-6
台灯设计

5.4 体验是文化传达的核心

体验是用自己的生活来验证事实，感悟生活，留下印象。体验到的东西使我们感到真实、现实，并在大脑记忆中留下深刻的印象，使我们可以随时因为一些触发因素回想起曾经亲身感受过的生命历程，也因此对未来有所预计。

用户体验（User Experience，简称 UE）是一种主观的在用户使用产品的过程中建立起来的感受。但是对于一个界定明确的用户群体来讲，其用户体验的共性是能够经由良好的设计实验来认识的。用户体验通常在计算机和数字化产品领域成为用户使用时的标准。

参照诺曼在《情感化设计》中的观点，体验类的心理活动分为三个层次，分别是：感官的（Visceral）、行为的（Behavioral）和反思的（Reflective）。用户对一个产品的体验是递进的，首先是感官（产品看起来如何），其次是行为（也就是产品使用起来的感觉），最后是反思（对产品进行探索和思考）。

案例：设计师 Konstantin Grcic

2004 年，德国设计师 Konstantin Grcic 利用铝灌模技术设计了一把椅子，完成了名为 Chair One 的座椅。以铝金属与钛金属制成的 Chair One，用多个平面以不同角度组合而成，建立起立体的外形。多个中空的三角形组合而成的座椅，形成了强而有力的承托结构，而且给人稳固的心理感受。

强调以极简、抽象的线条打造优美的格状椅座，搭配明亮的色彩元素，糅合铝合金和混凝土基座等生硬的工业元素，在线条简单、干净的室内外各类风格空间中，带来了趣味的视觉亮点。

图 5-7
Konstantin Grcic 设计的
Chair One

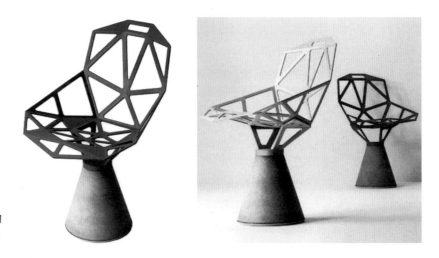

图 5-8
Konstantin Grcic 设计的
Chair One 水泥底座版本

　　好的产品能带给人丰富的体验，体验常常不是单一维度的，多维度的体验才能提高产品的品质。如何从设计层面丰富产品带给用户的体验层次，应考虑以下几个方面：

产品与休闲 · 文化传播与形态语意设计

5.4.1 直观感受的体验

产品的造型、色彩和材质往往给人第一视觉冲击，这就是产品形式美感的魅力所在，产品的形式美包括材料美、色彩美和形式美。

人对于原始图形和色彩的感觉最直接、最强烈，这些刺激是来自于本能的感官刺激，来自于色彩对于人的视觉感受的生理刺激，由此能够产生丰富的经验联想和生理联想，从而产生复杂的认知经验。形式美感的产生直接来源于构成产品形态的基本要素，即点、线、面和体所产生的生理与心理反应以及对于点、线、面和体的形式意蕴的理解。

形式美是极其感性的，大多数是"人"的相通的主观感受，是在人类发展和创造审美文明的过程中所积累的认知经验。因为他们是建立在"人"的本质特征上的，受外在因素影响很小。审美的法则包括黄金分割律、节奏与韵律、对称与平衡、比例与尺度、主要与次要、多样与统一、过渡与照应、稳重与轻巧、透叠与层次等。

5.4.2 参与互动的体验

产品在对于人的信息传达上必须直观、准确，符合人的认知经验，在一个优良的设计中，用户可以轻松、快速地理解并使用。行为体验的设计应当符合人的行为习惯，这样的设计让人在使用中自然顺畅，减少差错，甚至可以纠错。

设计中注重人的行为体验，这要求设计师在设计实践中积累产品使用经验，了解消费者的生理特征和行为特征，使设计起到准确地传达其功能的作用。产品开发中，制作过程模型，进行每一步的行为操作验证，记录每一个细微动作，发现问题后对模型进行修正，注意比对人机工学尺度，利用专业仪器测量行为数据，完善操作行为层面的设计。

案例：英国设计师 Thomas Heatherwick 为 Magis 设计的作品 Spun Chair

2010 年米兰展发布的 Spun Chair，整个椅子的外型酷似陀螺，使用者在使用时如儿童在玩玩具一样，充满了适度的乐趣，给人非常独特的体验，这种体验从视觉本能层面到行为体验层面都达到了效果。

5.4.3 深层次情感体验

人在选择或者评价产品的时候不仅仅是美丑，不仅仅是实用或不便，也包含自我表现、个人情感的依赖，或者是社会文化行为。设计

图 5-9
英国设计师 Thomas
Heatherwick 为 Magis 设
计的作品

的时候，设计师对于产品的描绘，应当是立足于情感层面，为用户刻画故事，将情境式体验融入产品设计中。

情感是产品深层次的表达，拉近消费者的心理距离，让普通消费者面对产品不是望而却步，而是积极尝试，慢慢地与产品建立长期的感情联系，这些对于产品的高层次的精神提升，形成了人们心中的固有文化积淀。品牌可以做到这一点，品牌的形成是对消费者的一种固有印象的汇聚，当消费者对于产品有了长期的经验认识和品牌认识之后，感性上对于品牌的认识就有了积累，会形成一种群体认同，产品品牌价值就此积累。所以，产品脱离单独的吸引力，而形成了整体的人心中的印象。

案例 1：深泽直人（Naoto Fukasawa）为三宅一生品牌设计的腕表

这个表壳设计灵感来自于六角形的扳手，代表工具的简约美，表盘上的数字和 logo 全部省略，只留下时针、分针 12 个角的多边形，代表时间表盘，也是系列名称 TWELVE 的来源。时针、分针采用一样的宽度，一体化表带由磁盘状表底壳固定。十二角形的曲线隐喻了 12 个钟点，所以，利用巧妙的符号修辞方式替换了原来比较复杂的表盘，与人的使用经验也不矛盾。

SILAP005

SILAP006

SILAP011

图 5-10
深泽直人设计的三宅一生腕表

案例 2：原研哉（Kenyahara）设计的清酒瓶

这个瓶子以日本清酒瓶身的创意手法，打造了东方极简禅意的时尚风采。原研哉东方哲学里"空"的概念，运用简单的创意，呈现出了作品的灵魂、生命与质感。

案例 3：黑川雅之（Masayuki Kurokawa）设计的 CHAOS 钛表

表壳用钛制成，由两只表盘构成，大的表面上有一个圆形窗户，白天 12 点显示黄色，夜里 12 点显示深灰色。到海外旅行时，该表可设定两个国家的时间或者想念远在海外的朋友时佩戴。两个同时走的表盘给人温暖的情感联想，就像是给出了一个平行时间的联想，也具有实用功能。

图 5-11
原研哉的清酒瓶设计

图 5-12
黑川雅之（Masayuki Kurokawa）设计的 CHAOS 钛表

案例 4：吉冈德仁（Tokujin Yoshioka）设计的 Pane 椅

这个座椅使用的是一种透明的海绵状材料，叫作 Polyester Elastomer，一种热塑性聚酯弹性体（TPEE），又称聚酯橡胶，TPEE 兼具橡胶优良的弹性和热塑性塑料的易加工性，软硬度可调，设计自由，是热塑性弹性体中备受关注的新品种。"白色在东方世界意味着精神、空间和思考。"

如 Pane 的"面包"意思一样，Pane 椅不仅外观形如面包，加工的方法也有几分类似，将圆柱形一半形状的"海绵块"卷曲，裹上一层布，塞入一个纸筒，然后进入烤箱，烘焙到 104 摄氏度，形状就得到固定了。

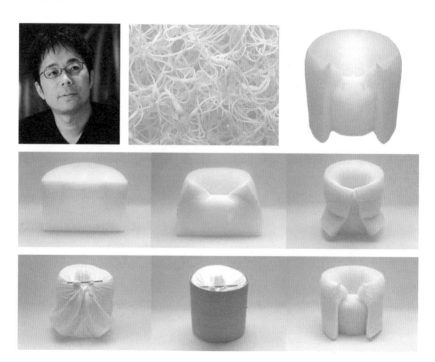

图 5-13
吉冈德仁和他设计的 Pane 椅

第六章　设计语意学的文化社会价值

6.1　符号与社会文化的关系

6.1.1　产品语意学自身的发展

"产品语意学"这一学术名词是在 1983 年由美国宾夕法尼亚大学教授克劳斯·克里彭多夫（Klaus Krippendorff）和俄亥俄州立大学教授莱因哈特·布特（Reinhart Butter）提出的。1984 年美国克兰布鲁克艺术学院（Cranbrook Academy of Art）在美国工业设计师协会（IDSA）所举办的"产品语意学研讨会"中，讨论并定义了产品语意学的主要内容。

图 6-1　克劳斯·克里彭多夫（Klaus Krippendorff）

在那之前，传统的设计理论仅仅研究人的物理性或生理性因素，而并没有对心理、精神、社会、文化等隐形象征性因素进行更多的研究。新的产品语意学理论把视角放在人的认知、情感领域，研究人造物的造型在使用情境中的象征特性，把这些象征性的特征与工业产品设计理论结合起来。这个定义拓宽了人机工程学的范畴，也拓宽了原有的显性机械的产品设计因素研究，从而更加人性化，更加全面。

产品语意学从那时开始发展，到目前已经三十多年。期间经历了从理论萌芽，到体系完备，到实践应用的过程，在这数十年的发展中它已经成为产品设计理论所包含的基本知识。我们认识到，产品语意学作为一门由符号语意学演化而来的学科，它与人群的传播、社会文化发展都有密切关系。人（消费者）对于一种人造物的认知经验，决定了人对于产品设计的态度，甚至设计师自身的文化背景也影响了设计语意层面的判断。当着眼于一群人的认知的时候，我们必须考虑特定人群的文化背景，这是象征物的经验认知的基础。

6.1.2　文化语境下的产品语意系统

所谓文化，究其本质是借助符号来传达意义的人类行为。所以，可以这么说：文化的核心就是意义的创造、交往、理解和解释，受到文化的多层面的影响。因为地域、人群、年龄、性别等因素的差异，使得文化认知也会有差异。符号与文化成为了人的认知的重要影响因素。

符号的基本功能在于表征（representation），它是为了传达某种意义。前文中提到，符号自身通过编码方式包含特定表征信息，同时，在特定的语境下，符号所涵盖的信息可以通过交流、传播手段被他人理解、认知。所以某些学者认为，文化就是借助符号去传达意义的人群行为。在这个意义上说，符号、文化、传播成了不可分割的要素，而这些是人与动物的根本差异，是人类文明的重要体现。

围绕符号、文化、传播的关系，我们可以试着构建一个"语意符号、人、产品、环境、文化的关系体系"。在这个关系中，人是产品的基础，产品应用在一种环境中，而环境则是文化影响下的物质世界。

人是产品设计和产品体验的核心。人本身是社会的个体，同时也是身体、性别等生理因素和情感、认知水平等心理因素的统一。产品本身包含内部要素，如材料、技术、结构、形态、色彩、操作方式等。环境包括产品与人产生作用时外部的时间、地点、相关协调事物。文化是人的文化，它主要指和传统文化、地域文化、人群文化有关的概念范畴。

所以，以语意符号为介质的"人、产品、文化、环境"四个关键要素之间形成了互相影响、互相牵制的关系。通过修改所属要素的指标参数，我们可以去构建能产生正确作用的符号表现。所以，语意符号是能够顺应各要素的转变而转变的。这四个要素无法割裂，因为同一个产品的语意在同样的消费者（人）以及他们所处环境相同的时候，不同的文化也会产生不同的效果。这个体系可以给设计师更加综合明确的参照系，利于构建明晰的策略。这些关系也提供了设计师后期评估产品符号是否达到预期的具体方向。

符号是产品语意的基础元素，产品语意与"人"、"产品"、"环境"、"文化"互相之间拥有诸多复杂而紧密的关系。产品语意建立在设计师与消费者（使用者）之间的编码与解码系统也就不可回避地与"人"、"产品"、"环境"、"文化"发生系统关系。所以，语意学设计是为特定的符号意义提供恰当的表达形式，或者是为形式与意义建立合适的联系，让产品的传达与使用者的理解达到关联和谐，这是一个体系化的平衡。

语意符号是人所理解的语意符号。从这个关系来看，产品与用户的关联不仅在于生理指标的联系，如五感（视觉、听觉、触觉、嗅觉、味觉等感官）所关联的感觉判断、行为操作、感知体验等互动方式，而且在心理指标如感性意义、学习理解、反思记忆层面同样产生千丝万缕的关系。这种关系成了各要素之间的主要关系，使设计的可能性拥有了极大的拓展空间。

语意符号与产品之间拥有隐性与显性关系。也就是说，产品本身所具有的要素特性，比如内部构造、自身功能、技术原理、材料工艺将以外在或内在的形式去传达特定语意。产品本身将成为一种符号。虽然在特定时期，产品受限于当前的技术、制造能力等条件，但产品所呈现的语意符号特征并非完全与其重合。语意符号作为一种内在塑造能力，能与产品的行业功能定义进行微妙区分。

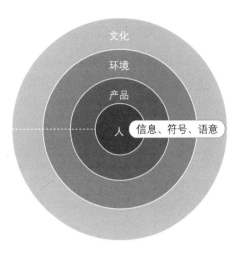

图 6-2
语意符号与人、产品、环境、文化的系统关系

在语意符号与环境的关系中，现象学理论认为，环境（场所）不是抽象的地点而是由具体的物组成的整体。产品所处环境是产品外围一切因素的集合。产品在环境中与相关物体产生关联，与相关的环境性意义产生关联，与相关行为程序或某种行为仪式产生互动，也与社会形成趋势流行关系。语意符号通过与环境之间的互动关系，建构了一种被人所识别的虚拟形式语言，它将给社会环境中的人一种约定俗成的价值判断。它不仅丰富了人的生活，而且构成了环境中的他者。我们从这里可以看到，语意符号赋予一种产品，而产品并非孤立存在的，它与外界形成互动关系。甚至有时候，环境标定它的虚拟含义，甚过它本身的外在表现。

语意符号与文化的关系，主要表现在隐性的符号美学、文化风格、抽象表征、品牌价值理念、历史印象等方面。这种关系并非直接地表现在一种符号或者形态上，而是在其背后形成多维度的效果。它的影响甚至更加深远和持久，而且覆盖面非常广泛。人是文化的基本单元，个人与群体在文化认识上并非主从关系，而是互相影响的关系。语意符号在此关系中也更加互动，更加抽象。设计师在设计中要标定文化含义，从而对语意进行对应判断。此类研究将把定性研究与定量研究结合起来。

产品语意符号是这些关系的物化表现。在这样的系统化思考下，产品就不单纯是一个形式或者是一种功能，而是在各要素关联下的动态节点。这是产品语意学在符号研究之后的进步。它将摆脱以往的孤立的设计研究方式而呈现为整体思维。语意符号与意义的链接也会更加丰富，这让设计创新与产品语意学的研究联系更加紧密。

案例：iPad 产品风靡全球

iPad 是一个伟大的产品。在苹果发明风靡全球的 Ipad 之前，有几个人知道我们内心原来对平板电脑有如此大的"需求"或潜力？普通的市场研究能发现这个需求吗？答案是否定的。普通的市场研究是被

图 6-3
史蒂夫·乔布斯手持 iPad

动的需求分析。设计师并非只能一味根据市场调研的需求去设计，而是可以创造一种更大范围共通的文化，让人对此文化产生学习式接受。

同时，iPad 的另一个伟大之处在于它提炼了极简的设计语言，使全世界人都能够非常自然方便地使用这个产品。手的直接触碰操作，或者是一个按键式的操作，都让它在全球文化中游刃有余，这是极简设计的重要意义之一。

6.2 文化符号的捕捉

产品符号的研究除了"人、产品、环境、文化"这些涉及产品核心的相关因素以外，还有一些关键因素也对产品语意影响很大，本文中主要针对消费者人群文化、产品品牌文化、社会潮流文化来阐述。

消费者需求是产品设计的核心。在消费者人群文化研究中，应该把握消费者的日常审美、生活趣味。这往往与消费者的年龄、性别、消费能力、喜好密切相关。我们认为，在研究消费者文化的时候，应该综合研究消费者的需求以及潜在需求。消费者研究分为客观信息分析和主观信息分析。客观信息分析，比如消费者的年龄、职业、生理指标、居住所在地、知识水平等，这部分研究以数据统计为主，详细标定他们的特征信息。主观信息分析可以运用深入访谈分析法，研究用户的深层文化信息、深层意图，要仔细考察消费者潜意识中的喜好，对于某种风格的偏爱及消费者的情感因素。在调研的时候，可以运用观察方法，比对消费者在生活中的信息，比如穿着、居室布置、喜爱的音乐和电影、生活习惯或常用物品。通过观察或问卷的统计，可以从数据中挖掘出用户的隐性意图。从这些客观和主观的信息分析中，设计师可以针对性地提炼出符号语意的适合方案。

产品品牌文化是用户消费行为重要的影响因素。品牌可以理解为一种人群的群体性归属或识别。消费者对品牌的识别必然包含了大量的符号性信息的识别。这些语意信息经过反复的营销在特定消费者的头脑中形成品牌印象。这些信息主要来自于企业识别系统（CI）、品牌的视觉识别系统（VI）、品牌的产品识别系统（PI）等。

潮流文化主要表现为社会的某一时间段的行为喜好和趋同。流行文化往往从文化中心向其他地区发散。设计师应当通过重点地区、重点城市的最新文化动向进行把握，及时掌握时尚流行文化的脉络。

设计师应当通过相关渠道获得与流行文化有关的语意符号，如报纸、杂志、电视、电影、互联网等。同时，设计师也应关注相关流行

产品与休闲·文化传播与形态语意设计

趋势报告。设计师通过对于相关符号语意的想象、演绎以及对于关联要素的嫁接，可以对流行元素再作挖掘和提升。整体设计要以大众流行心理—流行趋势—流行样式—流行元素—同类或关联元素—形式语意重组—语意设计这个流程去演绎。

　　设计师可以应用概念图板来标明和整理各个形式语意元素。建议使用元素拼贴的方法，要求把相关元素的节点以图像、照片、手绘、文字、符号等形式挖掘出来并且按照逻辑规律拼贴在一起，然后重新寻找它们之间的关联性，把握整体形式语言。在这个过程中，形态、材料、色彩或语言文字都可以被抓取。设计师要感受这些图示的整体意向。意向是显示元素的语意的信息。设计师通过头脑中的印象营造去感受，再通过创造力去表现相关设计。

图 6-4
课程中对语意符号的研究

该课程是笔者在 2012 年上半年所指导的中国美术学院设计艺术学院工业设计系三年级本科学生的"产品语意学"课程。在课程中，学生选定自然语意、历史语意、人文语意三个方向，分别按照语意关键词：天然朴素、有机生长、历史痕迹、古典、行为习惯、地域风格进行分组。在本课程的重要环节是语意符号所呈现风格的挖掘。学生按照主题研究、信息抓取、元素拼贴、结论分析的流程，利用对图像等要素的搜集拼贴，用便签条绘制重点的语意符号信息，对符号语意的权重和趋势进行划分。从图中可以看到，在这个过程中，学生将通过大量的资料整理、归纳、口头讨论和书面总结来系统论证符号和语意的设计依据。经过这些分析，获取设计依据后，学生将进入设计环节。

案例：简约所唤起的广泛文化认同

著名德国工业设计师迪特·拉姆斯（Dieter Rams），出生于德国黑森邦威斯巴登市，与德国家电制造商博朗（Braun）和机能主义设计学派有很密切的关系。

拉姆斯曾经阐述他的设计理念是"少，却更好"（Less, but better），与现代主义建筑大师密斯·凡·德罗的名言"少即是多（Less is more）"不约而同。他与他带领的设计团队为博朗设计出了许多经典产品，包括著名的留声机 SK-4（素有"白雪公主之棺"之昵称）等，甚至有些评论认为美国苹果（Apple）公司的产品或多或少也学习了他的设计理念。

简约的美感可以被理解为更接近人本质情感的潜意识美感，而这种审美意识可以获得更广泛人群的认同。可以说，越简约，越接近普世价值观或审美观。那么，作为产品设计，也就更能够被全球用户所接受。这也是迪特·拉姆斯设计的价值。

迪特·拉姆斯的理论认为设计有十大要素：

（1）好的设计是创新的（Good design is innovative）；

（2）好的设计是实用的（Good design makes a product useful）；

（3）好的设计是唯美的（Good design is aesthetic）；

（4）好的设计让产品说话（Good design helps a product to be understood）；

（5）好的设计是隐讳的（Good design is unobtrusive）；

（6）好的设计是诚实的（Good design is honest）；

（7）好的设计坚固耐用（Good design is durable）；

（8）好的设计是细致的（Good design is thorough to the last detail）；

（9）好的设计是环保的（Good design is concerned with the

environment）；

（10）好的设计是极简的（Good design is as little design as possible）。

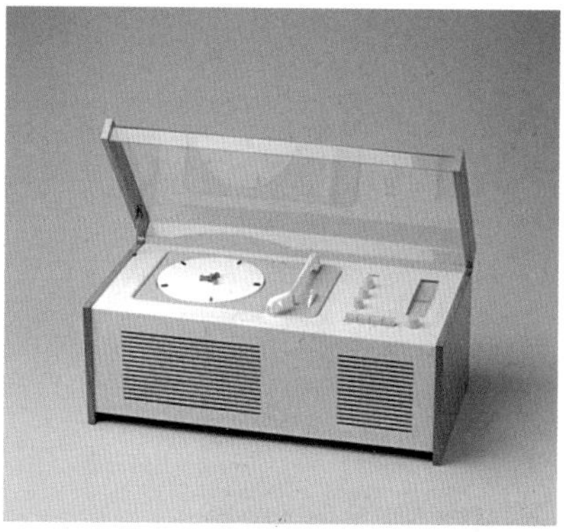

6.3　当代中国的文化发展背景

6.3.1　文化战略

2009 年我国第一部文化产业专项规划《文化产业振兴规划》由国务院常务会议审议通过。这是继钢铁、汽车、纺织等十大产业振兴规划后出台的又一个重要的产业振兴规划，标志着文化产业已经上升为国家的战略性产业。截取以下段落供参考：

图 6-5
博朗公司的 SK-4 留声机

"……发展文化产业必须厘清五大关系：

……

四是文化创新和制造业创新的融合。……这两者关系非常紧密。怎样把文化元素和制造业转型结合起来，为制造业提供新的支撑能力，是下一步文化产业发展应该考虑的。

五是文化的专业基础理论和其他学科基础理论的融合，就是理论的创新问题。现在对文化的研究绝大部分都是从文化比较学、文艺理论、社会学等方面进行的，但作为一个产业，文化亟需和经济学、管理学等其他学科加快融合，这样才能使我们的文化产业真正获得比较大的发展。……"

根据上文可以判断，国家文化战略中明确指出将文化与制造业结合进行创新，以文化带动制造业的新发展，同时要扩展文化研究及其理论的综合发展，将文化与其他领域学术研究结合起来，相互促进，相互融合。围绕文化的产品语意学研究也是产品文化表征的重要武器。而在我国经济新常态下，如何提高国民经济基础制造业的生产力，对抗经济增速放缓和人口红利等优势的丧失，文化成为关键一环。挖掘文化、整合文化将是我国经济产业转型升级的重要砝码。

6.3.2　文化的社会需求

文化是大而化之的概念，文化代表了社会阶层的意识形态，也同时影响着该领域中个体人的判断、选择、追求、行为方式。文化成了社会发展的重要武器之一。同时，把握消费者文化也成了这个时代商业设计的重要考量因素。消费者和设计师都是受到特定文化影响的群体。设计师应能体察消费者文化并依据产品语意设计方法寻找市场机会进行设计解决。

大前研一在其畅销书《M 型社会》中指出：在全球化的趋势下，

图6-6 大前研一

因为马太效应，富者在数字化世界中，因为掌握更多资源与机会，赚取全球范围市场的财富，变得更加有钱。而代表社会富裕与安定的中产阶级，如今正在快速消失，约有八成人的生活处于中下水准，整个社会的财富分配，在中间这块，忽然有了很大的缺口，跟"M"的字形一样，整个世界分成了三块，左边的穷人变多，右边的富人也变多，但是中间代表中产阶级的这块，陷落下去了。

中国的社会结构正在向 M 型社会转变，企业须及时调整营销方式来应对由此带来的消费市场的变化。富人阶层追求个性化、品质和服务卓越的产品，以满足自己物质、情感和炫耀性的消费；中低收入群体虽然个体经济能力有限，但是数量庞大。中国不仅成了全球奢侈品消费大国，而且 ZARA、优衣库、无印良品（MUJI）等代表中低收入阶层消费水平的品牌也大行其道，这类品牌标榜快时尚，正好契合中低收入阶层的平价消费欲望以及不落时尚的思维模式。这种社会文化现象只是中国现象中的一种，中国同样面对城镇化、人口老龄化、经济下行、独生子女问题等诸多社会和文化现象。在这些现象背后，应看清文化本质，做好适合文化形势的语意设计。

案例：日本无印良品（MUJI）品牌的发展与社会文化的关系

《MUJI 无印良品》（无印良品著，朱锷译）一书中介绍：无印良品是西友株式会社于 1980 年开发的私有品牌，最初向消费者提供经济实惠的日用品、食品和服装。1983 年在东京的流行发源地——"青山"开出第一家独立旗舰店后，受到欢迎，并于 1990 年加入良品计划株式会社。

根据日本日经流通新闻针对自主性较强的 29 岁至 32 岁的消费族群进行的品牌好感度调查结果显示："无印良品"为品牌好感度调查的第一名，品牌好感度更高达 51.1%。消费者的理由是它拥有可供购物的安心感、商品的流行感及合理的价格等特性。

当时，西友株式会社总裁堤清二认为西洋品牌的效用已经越来越低，而大众市场更认可实用的产品，从而提出了反品牌的理念，最终采用了"无印良品"这个日文名字，想要表达产品的品质更大于品牌的诚恳态度。由于前文中提到的整个 20 世纪 90 年代日本长期的经济低迷，"M"型社会现象的显现，无印良品代表了当时所涌现的一批品牌。

无印良品由最初提供价廉物美的日常用品，逐渐发展成通过设计理念、美学主张、素材的选择、流程的点检、简洁的包装、形象宣传等方式，来创造和推广一种新的生活方式，如今已经被认为是日本当代最有代表性的"禅的美学"。

图 6–7
MUJI 的产品、商标与店铺

6.4　社会传播与价值实现

6.4.1　跨文化设计

跨文化设计（Cross-Cultural Design）主要指在文化之间的跨越及其所产生的文化设计。全球化和互联网带来的影响，使得贸易的互通和人群的交流变得越来越频繁。文化的碰撞和交融成为经济文化的重要议题。文化的冲突和碰撞也不尽然是负面的，价值观的差异、思维方式的不同、考虑问题的侧重点的不同、解决问题方法的不同，会碰撞出火花。这种跨文化博弈，有时反而会带来意想不到的灵感，并激发新颖而独特的设计创意，这种设计模式就是当前人们所推崇的"全球化的解决方案"：不同文化圈的设计师的交流与协作导致前所未有的设计管理模式。通过前期文化的碰撞与冲突，综合多方意见和方法，综合本地的和远程的观点，最后探讨一种一致认同的前进方向，这种模式的效果已经在很多国际设计协作的成功案例中得到印证。设计师的自身素质和能力在跨文化交流中也得到了迅猛的提高。

按照常规理解，文化的分类可以：按地区或地理位置划分，如亚洲、欧洲、非洲等；按时间划分，如远古、原始、现代等；按形成的原因划分，如自然、人为等；按其表现形式来划分，如物质（陶瓷、建筑、饮食等）、非物质（技术、手艺、语言、能力等）；按生物的年龄划分：老年、青壮年、少年等。

可见，文化并非单纯指中西文化或者地域文化，文化按照不同的角度可以有不同的分类方式。文化，狭义上指社会的意识形态以及与之相适应的制度和组织机构。本研究所指的文化应当集中在一种群体的意识形态和生活需求上，也可称为生活文化。

为了准确衡量文化，荷兰文化研究领域的著名学者吉尔特·霍夫斯塔德（Geert Hofstede）教授从组织管理学的研究角度提出了文化维度的理论来进行文化分析：

（1）Power Distance（PDI）：权力距离维度

某一社会中地位低的人对于权力在社会或组织中不平等分配的接受程度。

（2）Masculinity versus Femininity（MAS）：男性化和女性化维度

主要看某一社会中代表男性的品质如竞争性、独断性更多，还是代表女性的品质如谦虚、关爱他人更多以及对男性和女性职能的界定。

（3）Individualism versus Collectivism（IDV）：个人主义和集体主义维度

这个维度可衡量某一社会总体是关注个人的利益还是关注集体的利益。

（4）Uncertainty Avoidance（UAI）：不确定性规避维度

一个社会受到不确定的事件和非常规的环境威胁时是否通过正式的渠道来避免和控制不确定性。

（5）长期取向（Long-Term Orientation）和短期取向（Short-Term Orientation）维度

这个维度指的是某一文化中的成员对延迟其物质、情感、社会需求的满足所能接受的程度。

与其类似地，在1987年，中国文化联结机构根据研究推出了基于东方文化的四个维度：

（1）长期导向；

（2）合作性；

（3）仁爱心；

（4）道德纪律。

通过对于文化维度的定性分析，文化的特征可以被标定，甚至可以被量化，文化符号也随之明确。由此，设计师能从中得到文化性产品语意设计的依据。

案例1：石汉瑞（Henry Steiner）与他的设计

石汉瑞是经验丰富的国际知名设计师。他先后在巴黎索邦大学及美国耶鲁大学深造，师从设计大师Paul Rand（保罗·兰德）。1964年，他在中国香港建立了石汉瑞设计公司。

他凭借卓越的作品享誉国际，历任国际平面设计联盟会长、特许

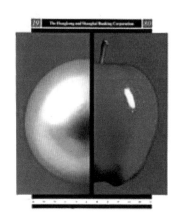

图 6-8
石汉瑞（Henry Steiner）
为香港汇丰银行年度报告
设计的封面

设计师协会及香港设计师公会资深会员、奥地利设计学会荣誉会员、美国平面设计学会及纽约美术指导联会会员，于 2004 年获香港浸会大学颁授荣誉博士学位，现任香港大学建筑学院及香港理工大学设计学院荣誉教授。

石汉瑞在他的设计中体现了极强的跨文化风格。石汉瑞还著有《跨文化设计：沟通全球化市场》一书，论述了他对于跨文化设计的实践和思考。

在中国，可以研究的典型地区就是香港。香港的设计师或多或少都会透露出文化交融社会中的跨文化性设计理念。在两种文化的冲突中，香港设计师获得了很多灵感，而文化符号作为一种表现方式，则在他们的作品中起到关键作用。

案例 2：陈幼坚与他的设计

香港设计师陈幼坚为日本精工表厂设计的圆形时钟堪称跨文化设计范例。"时钟虽是西方科技的产物，也可以加入中国色彩，让人产生另类的感受。"陈幼坚以黑白二色为基调，将挂钟的刻度的罗马数字换下，换上了中国数字，将黑色的分针设计成汉子笔画，巧妙地重叠在并不明朗的中文笔画刻度之上，构成一个中文数字。指针造型的概念取材自书法中的"永字八法"，再加上时钟边沿的红色拓印，展现出了一幅随时间流动的书法作品。这个作品灵巧地活用了富于现代感的"中国风"，而且轻松自然。

图 6-9　陈幼坚设计的圆形挂钟

在当今越来越多的跨文化、跨地域的合作中，一方面，公司的组成变得更加多元，另一方面，产品的受众也更加异质。设计师应当关注不同文化的"间性关系"且能准确适应两种文化之间的设计语意学关系。在如今的文化状态下，设计师与消费者之间、跨国公司与当地市场之间、传统文化与现代文化之间，往往存在一些差异，比如中国在高速发展之下，乡镇文化与城市文化的发展就产生了冲突。

eBay 公司在进入中国市场的时候，投入了巨资，但效果并不明显，因为其并未非常了解中国市场的文化特性，在界面设计、购买方式上没有达到很好的效果。这也让当时更接地气的阿里巴巴获得了创业机会。我们在产品语意学的实践中，就应考虑文化跨越与文化间的互相学习、互相融合的适应性问题。

文化间性，是德国哲学家尤尔根·哈贝马斯（Jürgen Habermas）继主体间性、语言间性后提出的又一个文化哲学术语。王才勇先生的学术论文《文化间性问题论要》认为，文化间性（intercultural）的本义指不同文化间交互作用之内在过程，此过程凸显了每一种文化。文化间性的特质是一种文化在与他者文化相遇时或在与他者文化的交互作用中显出的特质，也正是在此交互作用中，对方获得了由原文化的间性特质变异或意义重新生成而来的新的文化意义。

作为文化载体的符号，也能够被认为是文化互动交流的信息载体。在两种文化的互相学习、互相影响中，产生了巨大的社会效益。当前很多的企业面对着更加全球化、更加复合的市场特征，因为信息和商品的流动性更大，所以跨文化的设计视野就变得更加重要。

约翰·贝利（John W.Berry）是国际跨文化心理学会的创始人之一。1992 年，《跨文化心理学》（Cross-cultural Psychology：Research and Application）中提出了文化适应理论（acculturation），其结构框架被称为"Berry 的理论框架"。这个理论成了在人文研究领域针对人在文化跨越中的适应性研究的基础理论。跨文化从人本身的心理学类研究到以"物"为载体的文化语意研究是一个值得突破的研究角度。

在市场上，我们可以看到日本无印良品公司的案例：Found MUJI，这个项目集合了世界各地经过长时间发展出来的生活必备品，从全球实用的日常用品中学习当地文化，将其特性与功能作最有效的利用，并依照无印良品的基本概念制成商品。

Found MUJI CHINA 展示的整个在中国的考察旅程，包含了 2008 年在北京、2009 年在杭州、2010 年在绍兴、2013 年在苏州发现的代表本土文化的产品。无印良品（MUJI）认为：好的设计都应该符合人们的使用习惯。Found MUJI 的理念是重复原点，重复未来。Found

MUJI 恰好体现了对待文化的态度：应当尊敬和学习各地的文化，它们是消费者的决策的重要因素。产品语意的设计也应当在文化中寻找区别，从文化中寻找特征。如果脱离适当的文化，那么产品语意设计就是无实践性的。

案例 3：Found MUJI——文化的拾贝

Found MUJI 是无印良品在 2003 年推出的计划。

它认为每个国家都一定有经过历史与经验洗礼而流传下来的好东西，像法国的耐热餐具、中国的圆锅等居家用品，还有以印度棉制成的抱枕、坐垫套等纺织品……这些是本地文化多年积累下来的财富，是对于当地文化的学习，这个想法源自于该品牌对异地文化的尊重，也是顺应市场的重要设计理念的表现。

图 6-10
Found MUJI

案例 4：「上下」（Shang Xia）品牌的发展

「上下」（Shang Xia）是法国爱马仕（Hermes）集团与中国设计师蒋琼耳女士于 2008 年在中国携手创立的新品牌，致力于传承中国及亚洲其他国家精湛的手工艺，通过创新，使其重返至当代生活。「上下」品牌巧妙地把高超的传统手工艺与高级定制定位的产品结合起来，既体现了古典手作的精美语意，也保留了顶级精致的生活文化态度。

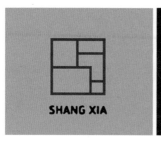

图 6-11
「上下」（Shang Xia）的
商品摄影

6.4.2　设计语意的日常实用价值

　　产品语意设计的基本原理是信息符号的编码与解码。它在日常生活中发挥着巨大的作用，对生活的每一个微观片段、每一个语意信息的传递，都是一次次的编码与解码。

　　日常生活是第一性的，物质是生活的基础。围绕日常的用户需求，设计师更多地研究的是建立在实用主义之上的产品语意。生活应该是温馨和舒适的，锅碗瓢盆，柴米油盐，日常而实用，但是却是非常深刻的。当然，生活并非是完全实用导向的功能理性，也包含艺术和欣赏的感性部分。设计师应当把文化语意与生活需要良好结合，将提升生活品质和生活实用性作为本源，把文化感受自然地融入其中。设计师也应从文化中汲取营养，提取生活智慧，与设计语意良好地结合。比如张永和与 JIA 的合作案"家当——锅碗瓢盆系列"就是一个典型的例子：剖开的葫芦的印象被设计为陶瓷容器的形式，这个显性语意不仅仅与我们的经验认知相吻合，而且也与生活日用功能极其适配，葫芦的两个微凹空间正好用来区分寿司和酱汁等不同的食物。微妙的生活需要与文化语意被良好地结合在一起。

图 6-12　张永和设计的
"家当——锅碗瓢盆系列"

案例：台湾 JIA 品牌

　　来自宝岛台湾的现代居家生活品牌 JIA，成立于 2007 年，邀请日本、韩国、中国大陆、中国台湾和欧美等不同文化背景和不同领域的设计团队，从一个家的厨房和餐桌用品出发，融合东西文化与设计能量，展现华人饮食文化的精粹与丰富样貌。

　　JIA 在设计上不追求惊世骇俗般别致，而是从古代中国的传统吉祥物中吸取灵感，融入功能型设计，最终给人家的温馨。它的获得巨大销量的产品"蒸锅蒸笼"设计体现了中国的饮食文化传统，同时与现代生活方式有很好的结合。

图 6-13　Nicol Boyd 和
Tomas Rosen 设计的蒸
锅蒸笼

第七章　语意设计的方法

7.1　产品语意的构建

产品语意的构建是对形态的创造、重构、提炼，它是用挤压、组合、加减、排列、造型等基本方式对形态元素进行整合，完成构建目标的过程。

基本的点、线、面等形态是复杂形态的基础，产品语意的构建，就是要用简单的基本形态来搭建复杂的语意体系。

除了造型之外，语意的材质、色彩、图案等表面属性也是语意传达的重要方面，这些表面属性同样承载了大量的信息，可以将它们理解为外观的一部分，与形态密不可分。不同的材料所带来的视觉感受是不同的，比如青铜带来古旧的感觉，木质带来温馨的感觉，蓝色的光线暗示高科技等神秘感，而红色则传达愉悦、兴奋等饱满的情绪。

产品语意的形态构建须注重审美。审美是形态的宏观印象，也是形态构建的深入的内涵因素，它能引起人的情感共鸣。

7.2　产品语意构建的系统观

产品节点通常是产品操作的关键部件，每一个部件都有对应的功能和形态意义。让信息传达准确，让信息与整体系统保持统一，减少错误理解和错误使用行为，都是形态节点的设计需要。每一个节点都是形态语意符号，这些符号包含产品的形态、色彩、肌理、材料等。

从整个产品系统来看，符号必须对应的编码方式有这样一些：

7.2.1　形态语意的编码

根据产品节点的关键形态来区别它的语意，形态兼容造型美感和功能操作意义的传达，以达到减少人的理解断层，方便操作。

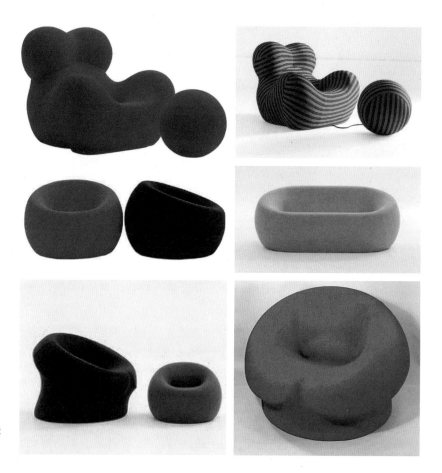

图 7-1
B&B Italia UP series 扶手椅

案例：B&B Italia UP series 扶手椅设计

坐在 B&B ItaliaUP5 扶手椅上就如同坐在妈妈的大腿上，UP6 脚凳则明显流露出对"锁链"的怀念。这款由 Gaetano Pesce 在 1969年为 B&B Italia 设计的系列包括黑、红、黄、紫蓝和深灰棕色以及下面要出现的新版条纹系列。

7.2.2 语意的修辞手法

修辞是语意传达设计中非常重要的一种方法。修辞是一种表现技巧，也是对于事物进行阐述的方式，它可以蕴涵沟通技巧，也可以蕴涵审美方式，它与文化直接关联。

罗曼·雅各布森（Roman Jakobson）的理论认为，修辞应当分为隐喻和换喻两类。他将认同与象征放在相似性的一边，将换喻性的转换和提喻性的凝练表达放在另一边。

设计并非千篇一律，如果我们把产品类比成为语意系统，在产品语意认知的方法上，知觉系统是按照知觉类比（Perceptual Analogy）

原则进行的，例如类比（analogy）、相似（resemblance）、想象（likeness）、肖像（iconicity）。

像语言文字一样，设计师在设计中使用多种修辞方法。类似的修辞，以表7-1进行说明。

不同语意修辞的对比   表7-1

修辞	特点	举例说明
隐喻（Metaphora）	它是由本体物、类似物和两者关系构成的，它是建构在逻辑上的推断	通常竖起大拇指隐喻赞许；流线型的外形隐喻其速度快
换喻（Metonymy）	它是由类似物的直接替换而新生的信息概念	白云像棉花糖一样是换喻的修辞；湖泊像镜子一样也是换喻的修辞
提喻（Synecdoche）	将信息强化而得出的信息聚焦效果，在语言中类似重音或是对于事物的强调	宝马（BMW）车头前脸两扇巨大的进气格栅，美式机车的巨大的轮子
讽喻（Irony）	它利用突出矛盾意向，强化语意表达，达到效果	软的汽车外壳

隐喻：隐喻是通过对本体物的逻辑推断构成类似对象的过程。它包含本体物、类似物以及两者之间的关系。它需要对本体进行抽象理解，是一种意向重构的过程，本体物和类似物之间的关系并非简单的物理或外在关联，而是与信息理解方式相关的。

案例1：黑川雅之设计的Kiri手表

手表表面是一个镜面，镜面上面是一层"smoke glass"砂质玻璃，从外部射入的光线被镜面反射后通过smoke glass进入我们的眼中，因此它会发出晨雾笼罩下的天空的神秘光泽，象征着雾色弥漫的早晨的景色。这也体现了爱月亮胜过太阳的日本人的审美意识。通过磨砂质感表现出来的暧昧也是促使他人参与到思想创造中的一种手段，就像用途不明的物品，含而不露的表情，隔窗隐约可见的房间，被浓雾笼罩着的森林景象，一切都刺激着人们的感官。

换喻：换喻是语意要素的替换，替换的两者在物理特征上通常有直接或间接的关联。与隐喻不同，换喻是直接替换，它建立在事物的类似关系的基础上，它是有比较直接的逻辑关系的。

图7-2　黑川雅之设计的Kiri手表

案例 2：2005 年 Aarnio 为 Magis 设计的 puppy 儿童椅

中空塑胶材质，圆滑的造型，安全可爱。儿童可以肆意玩耍，不需要担心受伤。狗狗造型让孩童可以安全骑乘在上面，成为孩子亲近的玩伴。

图 7-3
Aarnio 为 Magis 设计的
puppy 儿童椅

案例 3：香港设计师李剑叶设计的"爱你五百年"戒指

这个设计利用爱与承诺的社会语意将紧箍圈的意向与戒指的意向关联。

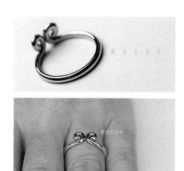

图 7-4
（左）"爱你五百年"戒指；
（右）电影中的紧箍圈

提喻：提喻是以某类符号中的一种符号或一种要素作为意向指代此类符号的过程。此过程中，利用特意、着重的手法突出事物的特性，达到将特征强化的目的。

提喻往往是抓住意向主要特征的表现方式，它有利于人对事物产生更加升华的认识。也就是说，使用提喻时包含了比没有使用提喻时更多的信息传达。在错综复杂的物质世界中，强调比平铺直叙更能让信息被人记住。

案例 4：Nao Tamura 设计的 Ring 凳

芬兰阿特克（Artek）公司为庆祝 Alvar Aalto 的 60 岁生日，邀请 Nao Tamura 设计了这款 Ring 凳。凳面上刻画了树桩上的年轮图案，与阴暗的色调搭配起来，颇有一种厚重的历史气息。Ring 凳旨在用艺术的形式记录历史，其"年轮"上的每一个圆环都在以自己的形态讲述着一个故事。

图 7-5
Nao Tamura 设计的
Ring 凳

案例 5：柳宗理设计的大象椅

3个椅脚浑圆如象腿，线条呈现出顺其自然的美感，便于堆放收纳。塑料材质防水，可当户外家具，也很适合放在浴室。

图 7-6
柳宗理设计的大象椅

讽喻：讽喻是利用事物或意向之间的矛盾，产生更深层的思考，也就达到了加强意指的目的。成语"指鹿为马"就是指利用两种事物的相异，产生显见的矛盾，这种矛盾恰恰夸大了想要表达的语意，也就唤起人的反思。

案例 6：坪井浩尚设计的 Stand Umbrella

现年 29 岁的产品设计师坪井浩尚（Hironao Tsuboi）毕业于东京多摩美术大学的环境美学设计专业。他在 2006 年以"静逸美学"成

图 7-7
坪井浩尚和他设计的
Stand Umbrella

产品与休闲·文化传播与形态语意设计

立了"100%设计"品牌，从产品中散发出的富有禅意的巧思，常常让人感受到 100％设计的细节与美好感。Stand Umbrella 一反常态的伞，可以用三足平稳地树立在地面上。这种极端的语意讽刺了雨伞常规的"依赖"的属性。

案例 7 : 罗斯·洛夫格罗夫（Ross Lovegrove）为三宅一生设计的"HU"腕表

他认为，这只表是人类身体的延伸，表盘非常简洁，只有时针和分针，圆滑的造型颇有亲和力，体现出了三宅一生（Issey Miyake）一直坚持的自然、环保理念。银色部分是钛合金，表带为橡胶。银色的主色调显得高贵大方，而圆润、不规则的外形使整个表看起来十分有未来的感觉！

图 7-8
罗斯·洛夫格罗夫（Ross Lovegrove）为三宅一生设计的"HU"腕表

7.3 语意设计的实践技巧

如何利用语意学在设计中的实践技法，这里面包含对于造型审美的把握，对于形态意义的传达，对于形态与功能合理性的表现，也有对于深层精神层次的追求。

在设计实践中，有一些微观的设计技巧，这些技巧并非脱离理论而存在的，而是理论的细致延伸，在实践中，形式非常开放，做法也非常开放。

7.3.1 重复形成重心或秩序感

设计师在设计时常常以某个符号作为表现核心，使其反复出现，从而能将信息强烈地传达给用户。重复出现的信息不仅可以强调重点语意，而且通过语意的微变，也可以形成序列，形成秩序美感，从而形成语意系统。这种秩序或者系统包含着美感，也让人形成了鲜明的印象。

重复可以增强认知印象，在将产品信息推送给使用者的时候，为了强调信息，会使用重复的方法去反复增强信息，秩序感也增强了产品信息的节奏，加强了信息传递的清晰度。

（1）重复应当遵循某种规律，元素的不断重合层叠形成集群效应，能强化语意核心。如果在设计时不能让元素的语意指向一致，则在传达时会使意义分散无序，也就不能形成明确的语意。

（2）不同的重复规则能形成不同的效果。叠加的不同次序或是不同的秩序感也能形成不同的语意传达。

案例 1：这是由英国设计师 Angus Hutcheson 设计的灯具系列

他利用蚕茧等天然材料的废料层叠而成的灯具设计，显露出了自然的美感。他利用一系列原生态材料的重复和组合层叠形成了强烈的语意效果。

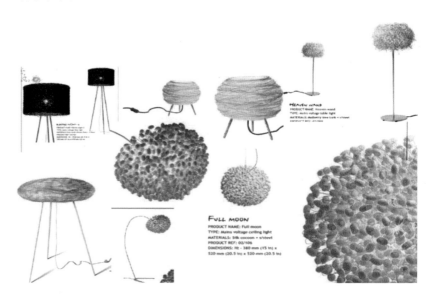

图 7-9
英国设计师 Angus
Hutcheson 设计的
灯具系列

案例 2：日本设计师 Junpei Tamaki 设计的椅子

这是由 2450 根 5 毫米宽的亚克力板叠加形成的，这个结构既富于美感，也拥有强度。单体的重复设计，形成了大的形体，重复的结构在形式上不仅加强了感受，也体现了结构意图。

案例 3：中国台湾设计师周育润（Kevin Chou）设计的竹编沙发

他利用竹编球叠加而成的座椅沙发，整齐而富于秩序感。单体的叠加增加了整体的弹性，在视觉上也形成了强韧的感觉。这个设计样品的制作得到了竹编工艺师苏素任的协助。

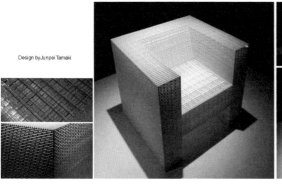

图 7-10
Junpei Tamaki 设计的椅子

图 7-11
周育润（Kevin Chou）设
计的竹编沙发

7.3.2 营造反差感

当两种元素在同一个产品设计中出现，将产生适度冲突的结果，而这也是让语意设计更加吸引人的技巧。通常我们反对平铺直叙，而跌宕起伏需要有一些相反的情节构成。新旧元素的冲突、色彩的冲突、造型形式的冲突、含义的冲突，语意冲突无处不在，对于冲突的解码通常建立在人的认知经验的基础上，通常包含历史、文化因素，所以，设计语意应当考虑理解的关联因素。

我们在修辞手法中学习到了"讽喻"的手法，意在加强反差，突出语意传达的修辞。在生活周遭，很多要素具有逻辑的或者是语意上的矛盾，比如"水与火"、"硬与软"、"粗糙与光滑"。

案例 1：Cordula Kehrer 设计的篮子

将非常典型的塑料篓子或塑料桶与藤编结合起来，形成了现代制品与传统工艺之间的反差，从而突出了机器与人工互相交织的感受，也就达到了作者想要突出的设计观点。

图 7-12
Cordula Kehrer 设计的
篮子

案例 2：深泽直人设计的布袋

深泽直人为学生设计的布袋，底下利用鞋子底部和布袋自然衔接，既让袋子拥有了鞋底的功能，也让袋子里放鞋子的时候更好用。在视觉语意上，一个有鞋底的袋子让两种无关事物产生了微妙的整合，甚至让袋子产生了拟人的效果。

图 7-13
布袋设计

7.3.3　变形和解构

语意有层次与系统，将形式结构打散重组，也就是改变语意层次的规则逻辑，就能改变整体的语意系统。

重构一词源于解构主义。打散或破坏某一系统内原始形态之间的旧的构成关系，根据新的时代精神和创作者的主观意念，在本系统内或系统间进行重组和元素间关系的变形与移位，构成一种新的完整的秩序。

符号的变形和解构是深入探究构成符号的元素，将其抽离出来后

产品与休闲·文化传播与形态语意设计

重新组合，或者改变元素，让其形成新的格局。在艺术中，对于含义有不同的理解。产品和建筑一样，在不同时代和不同背景下有着不同的意义和解释。多价和多元的产品往往以其设计语言的创造性来吸引人，产生层层新意。

案例：Freitag 产品

利用废旧篷布设计包的时尚品牌 Freitag 生产的包在视觉上形成的效果是新的剪裁形式与旧材料形成冲突，这是将原有材料解构重组，形成新的视觉元素。

图 7-14
Freitag 包

7.3.4 象征和隐喻

关联性是象征和隐喻的基础。它是利用抽象方式通过另一些含义符号去帮助理解作者想要表达的内容的手段。值得注意的是，象征和隐喻的手法通常与文化意义紧密相连，所以若要真正掌握此设计技巧，必须对人的认知经验和文化通识有准确的认识。

象征和隐喻的社会性的认知基础要求设计师在对于目标人群的理解能力精确把握的基础上，将感性的意向融入所设计的象征情境中，这种情境，有些来自于流传的故事，有些来自于回忆，有些来自于社会现象。有了阐释性的语意关联，才能体现象征和隐喻的设计手法的价值。

案例 1：阿莱西公司（Alessi）的 Anna G 系列产品

该系列所表现的形态是欧洲本土的女性人物，形式非常纯朴，人的认知中的手臂、头部、裙摆，都与红酒开瓶器的功能吻合，让隐喻的形式感兼具了良好的功能。

图 7-15
Anna G 系列

案例 2：Moooi 系列产品

  马歇尔·汪达（Marcel Wanders）创立的荷兰的 Moooi 品牌，试图将产品设计拟人化，仿佛产品也拥有了性格和回忆。图 7-16 中的右图为"烟"系列产品 Smoke Collection，苍老的人体隐喻了烧焦的产品表面的质感，而烧焦的语意（能指）也暗示了一种可供回忆的历史质感（所指）。

图 7-16
Moooi 品牌产品

图 7-17
season 餐盘

产品与休闲·文化传播与形态语意设计

案例 3：日本设计师 Nao Tamura 设计的 season 餐盘

此系列设计利用硅胶形成隐喻树叶的语意，给人自然的感受，让人在使用中能联想到天然的事物。

图 7-18
削皮的土豆和 W11K 手机

案例 4：深泽直人设计的 W11K 手机

这款手机的设计利用了削皮土豆所具有的光滑质感的记忆联想，让人在手握手机的时候也能有舒适的手感。

7.3.5　抽象升华

抽象是语意使用的高境界，它与深层认知有关，当形式语言无法理性分析的时候，感性的抽象理解就发挥作用了。它是将认知经验通过审美升华的产物，也是高层面的欣赏，有时候就像诗意一样感性，富于美感。

随着现代设计的发展，产品与用户交流时，不仅仅有直接的功能意义，也是一种多维度的体验，这种体验伴随着故事的讲述，伴随着行为的参与，才能让设计变得更加有吸引力。抽象升华是人的认知设计的高要求，要求设计师具有广阔的知识面，也要对人文和自然精神有更深的理解。

案例 1：日本 nendo 设计的卷心菜椅（Cabbage Chair）

这个设计中，nendo 使用一卷褶皱纸剥出了一把椅子，这种纸在生产过程中添加的树脂可以为这把椅子带来强度，同时褶皱的结构也为 Cabbage Chair 带来了弹性，增强了舒适性。显然，卷心菜提供了初始的语意，将层叠材料一层层剥开时所展现出来的椅子的样子是行为在过程中显现的体验价值。

图 7-19
Cabbage Chair

案例 2：SIWA 系列的产品

　　在此系列的设计中，柔和的纸的褶皱暗示了产品的生活化，表现了一种生活的时间质感，实用而不过分装饰。

图 7-20
SIWA 系列

案例 3：日本 Wasara 生态纸餐具

　　此系列的餐具设计应用天然甘蔗的回收材料，环保的同时也拥有古典日式产品的美感。

图 7-21
Wasara 生态纸餐具系列

7.3.6　表面装饰

自古以来人们就有各种语意上的装饰技巧，陶瓷器表面的青花图案，或是现代产品表面的浮雕，都是一种装饰，装饰可以让产品更美观，更能被欣赏、喜爱。透过装饰图案也能更好地指示一些信息，有时候，装饰本身甚至就是一种功能。

案例 1：Joris Laarman 设计的散热器

这个产品或许可称为"巴洛克式"。为了充分实现热交换，我们通常需要很大面积的散热器，这个散热器正好提供了这个需要。它独特的卷曲的形象让人感觉它是一个艺术品。它提供了一种装饰图案语意，并巧妙地与暖气管立体形态结合。

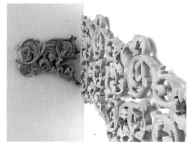

图 7-22
Joris Laarman 的散热器
设计

案例 2：亚历山德罗·门迪尼（Alessandro Mendini）于 1978 设计的 Proust 扶手沙发

此沙发以完全手工雕刻、点绘的方式重新诠释了一个经典的意大利设计，斑斓的色彩更加丰富了华丽的椅身结构，这件作品发表至今近 30 年，仍是以手工的方式生产，每年以极少的生产量供应来自全球的订单，是非常具有收藏价值的经典设计。装饰和复古语意在其上应用得淋漓尽致。

图 7-23　Proust 扶手沙发

案例3：Marcel Wanders 设计的 Moooi Crochet Table 白色针织桌椅此系列产品利用传统的钩花工艺将其硬化，形成轻薄的产品表面，将装饰图案作为材质本身的结构。

图 7-24
Moooi 产品系列 Moool
Crochet Table

7.3.7　功能与暗示

产品语意，可以指示功能，人通常会按照自己的经验去使用产品，好的产品应当符合人的认知经验，而让人减少理解或使用时的障碍，这在产品设计中也是非常重要的。我们通常会从设计心理学中去找途径，从直觉、行为方式、记忆中去找到编码的方式。

从功能层面，设计细节必须尊崇人的认知规律，让人在读取、使用、操作的时候更加自然有效，减少人的错误行为（某些错误行为甚至致命）从而大大提高产品的使用效率，也会更加安全可靠。同时，使用者并非动物，不仅拥有智慧，而且拥有丰富的情感。更加多层次的信息暗示也能完善设计师对产品的诉求。

案例：深泽直人设计的带凹槽的伞

在伞柄上设计有微小的凹槽，能让用户自然而然地将其他物品悬挂在上面，同时，伞柄也具有支撑作用。小小的凹槽能暗示功能，而不需要更多的语言解释。

图 7-25
深泽直人设计的带凹槽的伞

语意设计的实践中有多种技巧的重叠，也有创新的设计方式，需要设计师去进行多元化的尝试。设计师应明确设计的导向：人的需求、商业市场、品牌系统等。在不同的目的下，应用语意原理进行设计也会有不同的情况。总结设计技巧，才能在新的设计创新中不断完善，提升技能。

参考文献

[1]（法）罗兰·巴特.符号学原理 [M]. 李幼蒸译.北京：中国人民大学出版社，2008.

[2] 陈浩，高筠，肖金花.语意的传达——产品设计符号理论与方法 [M]. 北京：中国建筑工业出版社，2005.

[3] 胡飞，杨瑞.设计符号与产品语意 [M]. 北京：中国建筑工业出版社，2003.

[4] 王受之.世界现代设计史 [M]. 北京：新世纪出版社，2002.

[5]（法）罗兰·巴特.符号帝国 [M]. 孙乃修译.北京：商务印书馆.

[6]（美）唐纳德·诺曼.设计心理学 [M]. 梅琼译.北京：中信出版社，2003.

[7]（美）唐纳德·诺曼.情感化设计 [M]. 梅琼译.北京：中信出版社，2003.

[8] 祝锡琨，薛刚，刘军平，费飞.形态语义 [M]. 沈阳：辽宁美术出版社.

[9] 张凌浩.产品的语意 [M]. 北京：中国建筑工业出版社，2009.

[10] 丁尔苏.符号与意义 [M]. 南京：南京大学出版社，2012.

[11] 李福印.语义学概论 [M]. 北京：北京大学出版社，2006.

[12]（美）詹姆斯·罗尔.媒介、传播、文化：一个全球性的途径 [M]. 北京：商务印书馆，2012.

[13] 戴端主编.产品形态设计语义与传达 [M]. 北京：高等教育出版社，2010.

[14] 张凌浩.符号学产品设计方法 [M]. 北京：中国建筑工业出版社，2011.

[15] 王方良.设计的意蕴：产品的意义阐释及语意构建 [M]. 北京：清华大学出版社，2006.

[16]（美）维克多·帕帕奈克.为真实的世界设计 [M]. 周博译.北京：中信出版社，2013.

[17]（英）马尔科姆·巴纳德.理解视觉文化的方法 [M]. 常宁生译.北京：商务印书馆，2013.

[18] 陈少峰，张立波.文化产业商业模式 [M]. 北京：北京大学出版社，2011.

[19]（日）原研哉.设计中的设计全本 [M]. 纪江红译.桂林：广西师范大学出版社，2010：9.

[20] 韩丛耀.一种后符号学的再发现 [M]. 南京：南京大学出版社，2008：6.

[21] 刘国余，沈杰.产品基础形态设计 [M]. 北京：中国轻工业出版社，2001：5.

[22]（英）E·H·贡布里希.秩序感——装饰艺术的心理学研究 [M]. 长沙：湖南科学技术出版社，2006.

[23] 应方天，杨颖，张艳河.造型基础——形式与语意 [M]. 武汉：华中科技大学出版社，2007：6.

[24] 周美玉.感性·设计 [M]. 上海：上海科学技术出版社，2011：9.

[25] James Moultrie P.John Clarkson. Seeing Things：Consumer Response to the Visual Domain in Product Design [D].